U0232607

荆楚院士
谈科技自立自强

湖北省科学技术协会 / 组编

李 琴　李思辉　翟晓林 / 著

长江出版传媒　湖北科学技术出版社

图书在版编目（CIP）数据

国之担当：荆楚院士谈科技自立自强 / 湖北省科学技术协会组编；李琴，李思辉，翟晓林著. -- 武汉：湖北科学技术出版社，2024. 9. -- ISBN 978-7-5706-3556-6

Ⅰ. N12

中国国家版本馆 CIP 数据核字第 2024D60185 号

选题策划：邓　涛　张　超　刘志敏　　　　　封面设计：曾雅明
责任编辑：雷霈霓　魏　珩　　　　　　　　　责任校对：李子皓

出版发行：湖北科学技术出版社
地　　址：武汉市雄楚大街 268 号（湖北出版文化城 B 座 13—14 层）
电　　话：027-87679468　　　　　　　　　　　邮　　编：430070

印　　刷：武汉市华康印务有限责任公司　　　　邮　　编：430021

710×1000　　　　1/16　　　　　　　　　14 印张　　　　200 千字
2024 年 9 月第 1 版　　　　　　　　　　　2024 年 9 月第 1 次印刷
定　　价：88.00 元

《国之担当：荆楚院士谈科技自立自强》
编 委 会

序 ‣

在历史的长河中，科技自立自强犹如一股温暖而坚定的力量，引领着国家走向强盛与安全。党的十八大以来，以习近平同志为核心的党中央，以深邃的洞察力和高远的战略眼光，将科技创新视为国家发展的核心驱动力，坚定地将其置于国家发展的前沿阵地。

科技立则民族立，科技强则国家强。实现高水平科技自立自强是中国式现代化建设的关键。这要求我们不仅要将科技发展的立足点、着眼点和落脚点放在国内和自身，更要在关键核心技术上实现自主可控，不断突破"卡脖子"困境，努力抢占科技制高点。科技自立自强离不开创新，科技创新是提高社会生产力和综合国力的战略支撑。我们应该看到，科技创新没有捷径，关键核心技术更是要不来、买不来、讨不来的。只有把关键核心技术掌握在自己手里，才能从根本上保障国家科技安全、经济安全、国防安全和其他安全。所以，走好科技自立自强之路，是一项艰巨而光荣的使命，也是每位科技工作者不可推卸的责任。

回望过去，新中国成立初期，中国核潜艇研制事业在世界上处于极度落后位置，黄旭华接到组织的指令，隐姓埋名三十年，带领团队在没有参照物也没有相关数据资料的情况下，潜心研究，亲身参与深潜试验，打造出中国第一代核潜艇，让中国有了与世界列强对抗的底气；20世纪八九十年代，中国卫星、航空、地面系统等多方面落后于人，李德仁放弃国外优厚工作待遇，毅然决然回国搞研发，提出"高分专项"，经过多年的深入研究，使我国卫星遥感技术及其应用赶上了世界先进水平……新中国成立以来，一代代中国科学家以坚韧不拔的毅力和无私奉献的精神，在高端技术被西方发达国家完全封锁的大环境下，以坚定的信念帮助中国科技事业实现了众多从"0"到"1"的突破、从"1"到"N"的创新，带领中国科技事业从"跟跑"到"并跑"，再到部分"领跑"的历史性跨越，为中国的科技事业书写了辉煌的篇章，以实际行动对我国走科技自立自强之路做出了绝佳诠释。他们的成就不仅让中国在国际舞台上赢得了尊重，更为我们树立了榜样，激励着我们继续前行。

根深则叶茂，源远则流长。科技创新，源泉在于人才，关键在于导向。创新型人才既是科技发展的领路先锋，也是科技发展的坚实后盾。近年来，胶体量子点红外芯片、飞秒光纤激光关键技术、多源融合北斗智能安全监测系统、面向海量用户的超大规模卫星导航定位基准站网服务平台、新型抗生素减替生物制剂等前沿技术相继被开发……新时代的中国科技工作者以身许国、心系人民，把自身科学追求融入社会主义现代化建设伟大事业中，在祖国大地上树立起一座座不朽的科学丰碑，也铸就了中国科技工作者独特的精神气质。只有当广大科技工作者把自己的奋斗和努力与国家的发展、时代的脉搏紧密联系在一起，勇于挑战"无人区"，敢于攀登"新高峰"，才能真正推动中国科技事业的发展，助力实现中华民族伟大复兴。

为培养人才、开展科学研究、革新科学技术、引领科技发展，以及强化产品思维、推动创新成果加速从实验室走向生产线，强化链式思维、用一项成果转化催生出一个产业，强化应用思维、以开放包容帮助企业跨越科创"死亡之谷"，进一步提升科技成果产业化水平，湖北省委省政府近年来接连创立了10所湖北实验室，聚集了各类人才近3000人，形成了一批重大科技成果，且多项成果为国内首创。"省实验室"是国家实验室"预备队"，是科技竞争的核心力量。湖北省通过建设这些实验室，旨在面向国家需求，服务湖北建设，同时聚集人才，推动科技创新和产业发展。

因此，作为湖北省属重要科普宣传和执行单位，湖北省科学技术协会和湖北长江出版传媒集团响应号召，联合策划了《国之担当：荆楚院士谈科技自立自强》一书，聚焦战略导向基础研究和前沿技术等科技创新重点领域开展针对性科普，及时向公众普及科学新发现和技术创新成果，引导社会正确认识和使用科技成果，让科技成果惠及广大人民群众，为科创湖北、科智湖北、科普湖北建设做出更大贡献。

两院院士作为中国科技工作者的代表，是国家创新体系的中坚力量，是科技自立自强的领跑者，更是强国使命的践行者。为加强正面宣传，奏响主旋律，传递正能量，在全社会大力弘扬追求真理、勇攀高峰的科学家精神，广泛宣传基础研究领域涌现的先进典型和事迹，教育引导广大科技工作者传承老一辈科学家的光荣传统，在建设世界科技强国伟大征程中奋力书写人生荣光；加强国家科普能力建设，深入实施全民科学素质提升行动，培育全民的科学思维、科学精神、科学品质，营造热爱科学、崇尚科学、投身科学的良好社会风尚，为攀登雄伟的科技创新"高峰"培育更多科学普及的"高原"。《国之担当：荆楚院士谈科技自立自强》特邀请国内 15 位院士讲述自己的科研初心，分享自己在面对技术封锁和制裁时的经历和心路历程。他们从各自的领域出发，用真实的故事和深刻的思考，展现了我国科学家不断求索、追求卓越的创新精神和淡泊名利、赤心报国的家国情怀，深入剖析了科技自立自强的内涵和外延，并对未来中国实现高水平科技自立自强进行了展望，让每位读者都成为中国实现科技自立自强的推动者和见证者，让科学家精神照亮强国之路，为民族复兴凝铸精神伟力。

在此，我们诚挚地邀请您翻开这本书，与我们一同感受科技的力量，见证中国科技自立自强的壮丽征程。

目 录 ›
CONTENTS

黄旭华：

深潜三十年，矢志造重器

黄旭华，中国核潜艇总体设计研究专家。祖籍广东省揭阳市，1924 年生于广东省汕尾市，1949 年毕业于国立交通大学（现上海交通大学）造船专业，中国船舶重工集团公司第七一九所名誉所长、研究员，1994 年当选为中国工程院院士。

他长期从事核潜艇研制工作，曾先后担任中国第一代核潜艇副总设计师、第二任总设计师，主持了第一代核潜艇的研制，为我国核潜艇的从无到有、跨越发展、探索赶超做出了卓越的贡献。在某次深潜试验中，他置个人安危于不顾，作为总设计师亲自随核潜艇深潜到极限，创世界首例。

因为核潜艇研究工作的保密性质，他隐姓埋名 30 年，把毕生精力都奉献给了中国核潜艇事业，"自力更生、艰苦奋斗、大力协同、无私奉献"的"核潜艇精神"在他身上得到了最生动和深刻的呈现，这种精神感召着一代又一代的年轻人献身国防科技事业。

他曾获 1978 年全国科学大会奖（排名第一），1985 年国家科学技术进步奖特等奖（排名第二），1995 年何梁何利基金科学与技术进步奖，1996 年国家科学技术进步奖特等奖（排名第一），"2013 年度感动中国人物"称号，第六届全国道德模范，新中国成立 70 周年"最美奋斗者"称号，并被授予中华人民共和国最高荣誉勋章——共和国勋章。在 2020 年，他获 2019 年度国家最高科学技术奖。

▲ 黄旭华院士

他的人生足够简单。

一个甲子的时光，他只做了研制核潜艇这一件事。

他的人生又足够传奇。

为国隐姓埋名 30 年，64 岁作为总设计师亲历核潜艇极限深潜试验，创世界首例。

他是中国船舶重工集团公司第七一九所名誉所长、原所长、中国工程院院士黄旭华，我国第一代攻击型核潜艇和战略导弹核潜艇总设计师，国家最高科学技术奖和共和国勋章获得者。

▲ 黄旭华与"长征一号"
（中国人民解放军海军博物馆　刘军青　摄）

誓言无声，以身许国。在他"赫赫而无名"的人生背后，是中国研制核潜艇那些隐秘、艰辛，又无比壮丽的往事。

十年磨一剑

在位于青岛的中国人民解放军海军博物馆码头，我国第一艘自主研制的核潜艇——"长征一号"静静地停泊在水中，等待络绎不绝的游客的到来。半个多世纪前，正是它的问世，标志着我国成为世界上第五个拥有核潜艇的国家。

回望"长征一号"的研制往事，黄旭华感慨："从物质到知识，用一穷二白来形容一点也不为过。现在回头去看，当时连基本的研制条件都不具备，我们就开始干了。"

时间回到 20 世纪 50 年代。1954 年，美国"鹦鹉螺号"核潜艇首次试航，宣告了核潜艇的诞生。1957 年，苏联第一艘核潜艇建成下水。有一个广为流传的说法，可以形象地描述核潜艇的续航能力是如何强大：一个高尔夫球大小的铀块燃料可以让潜艇航行 6 万海里，而如果用柴油做燃料，则需近百节火车皮的柴油。

对于大国来说，核潜艇是重要的国防利器之一，是一个国家国防强大的重要标志。《潜艇发展史》的作者、英国人霍顿就曾经说过，导弹核潜艇是"世界和平"的保卫者。

中国人也有了造国产核潜艇的梦想。1958 年 6 月，主管国防科技工作的军委副主席聂荣臻向中央建议启动研制核潜艇，中央很快批准立项，共和国开启了核潜艇研制的序幕。

由于对核潜艇一无所知，中国一度寄希望于苏联的技术援助，然而时任苏联领导人的赫鲁晓夫在访华时傲慢地拒绝了："核潜艇技术复杂，要求高、花钱多，你们没有水平也没有能力来研制。"对此，毛泽东主席铿锵有力地回应："核潜艇，1 万年也要搞出来！"

时隔不久，毕业于国立交通大学造船专业、在上海船舶工业管理局工作的黄旭华就接到了前往北京出差的紧急任务。简单收拾一下行李，他就匆匆出门了，他以为会像往常一样很快就会回来。抵达北京后，他就接到了"国家要开展核潜艇研究，决定让你参加这项工作"的指令。从此，黄旭华与核潜艇结下了终生不解之缘。

包括黄旭华在内，整个攻关组最初只有 29 个人，平均年龄不到 30 岁。除了他和另外两三人结过婚，其他人都是"光棍"。后来，又有一批大学毕业生经过审查加入研究室。在那个人才严重匮乏的年代，一些还未毕业的国立交通大学三年级学生也被选中参加核潜艇研制任务。

▲ 黄旭华（中）早年工作照

　　当时，有关核潜艇的一切都是核心机密，黄旭华和他的年轻伙伴们，没有人见过核潜艇，也很难从国外得到关于核潜艇的技术参考资料，更没有专家可以指点迷津，一切都只能依靠自己，从零开始。即使如此，大伙也没有灰心，而是鼓足干劲一边琢磨一边学习，大海捞针般从国外的新闻报道中搜罗有关核潜艇的只言片语。

　　多年后，黄旭华撰文回忆，要在浩瀚无边的报纸杂志和论文资料中寻找到准确又有价值的信息，"科技人员随时带着'三面镜子'：用'放大镜'扩大视野，一有线索就跟踪追击；用'显微镜'摸清内容实质；还要用'照妖镜'加以甄别，弃假存真"。

　　天道酬勤。大家将收集到的零零碎碎、真真假假的资料经过分析鉴定后，最终拼凑出一个核潜艇的轮廓。后来，有人从国外带回两个美国"华盛顿号"

核潜艇的儿童模型玩具，玩具的窗户掀开后，里面密密麻麻的设备与他们构思的核潜艇图纸基本一样，这就验证了他们此前的设想，"核潜艇就是这样子，没什么大不了的"。

图纸有了，怎么造出来？当时国家科学技术基础薄弱，科研手段和试验设备不是空白就是待建设或正在建设，条件不具备怎么办？黄旭华提出的办法是"骑驴找马"："驴没有马跑得快，但一时没有马，那就先骑驴上路，边走边找；如果连驴也没有，那就迈开双腿也要上路，绝不等待。"

他至今还珍藏着一个"前进"牌算盘。他回忆，最初成千上万的数据，都是通过算盘和计算尺，一个一个算出来的，"核潜艇的稳定性至关重要，太重容易下沉，太轻潜不下去，重心斜了容易侧翻，必须精确计算"。

更令人不可想象的是——磅秤称设备。为了确保潜艇的重心严格控制在设计范围内，黄旭华便在船台入口处放了一个磅秤，每个设备进艇时，都得过秤，并记录在册。施工完成后，拿出来的管道、电缆、边角余料，也要过磅，登记准确。几十米，天天如此。

▲ 黄旭华与核潜艇（早年建造现场）

这样用土办法"斤斤计较"的结果，是数千吨的核潜艇建成后经过试潜定重考核，艇的重量重心与设计值相差无几。

正是在这样一穷二白的基础上自力更生，黄旭华和团队相继突破了核潜艇中最为关键、最为重大的核动力装置、水滴线型艇体、艇体结构、人工大气环境、水下通信、惯性导航系统、发射装置七项技术，也就是"七朵金花"。

1970年12月26日，中国第一艘核潜艇下水。1974年8月1日，中国第一艘核潜艇被命名为"长征一号"，正式列入海军战斗序列。十年磨一剑，这支年轻的团队铸就了一段大国重器的传奇。

1983年，黄旭华被正式任命为第一代核潜艇的总设计师。

64岁带队深潜

虽然造出了核潜艇，但核潜艇是否能够形成战斗力，极限深潜试验是关键。

1988年4月，中国南海，中国核潜艇首次进行深潜试验。这是我国核潜艇发展史上的又一个历史性时刻——由于北方水浅，中国核潜艇在问世18年后，才到南海开始这项试验。

所谓深潜试验，就是考验核潜艇在极限深潜情况下结构和通海系统的安全性，在核潜艇深水试验中，此项试验最具风险与挑战。

"艇上一个扑克牌大小的钢板，潜下数百米后，承受水的压力是一吨多，100多米长的艇体，任何一个钢板不合格、一条焊缝有问题、一个阀门封闭不严，都可能导致艇毁人亡。"黄旭华清楚地知道极限深潜试验的危险性。

核潜艇深潜试验遭遇事故并不罕见，事实上，所有人都熟知的历史是：1963年4月，美国核潜艇"长尾鲨号"预计深潜300米，结果下潜不到200米就发生事故沉入海底，100多位艇员无一生还。

这对于参试人员来说，无疑是巨大的心理压力。深潜试验正式开始前，有艇员向亲人嘱托了后事，"万一出现意外，你们不要为我难过，你们要因我而自豪！"有艇员在宿舍唱起了《血染的风采》，"也许我告别，将不再回来……"然而，带着沉重的思想包袱去执行极限深潜试验，是非常危险的事情。

"我对深潜很有信心，将与大家一起下水！"为了给参试人员鼓劲，在试验前动员会上，时年64岁的黄旭华做出一个惊人的决定——与大家一起下潜，一起在预定深潜海域挑战极限。

核潜艇的总设计师亲自参与深潜！这在世界上尚无先例。考虑到核潜艇极限深潜试验的危险性和艇内的恶劣环境，大家极力劝阻，但黄旭华态度坚定。

他后来解释说，选择和大家一起下潜，一方面是稳定人心，鼓舞士气，消除大家的顾虑和担忧，另一方面是担心下潜过程中真的发生不可预测的状况，他能够第一时间观测、判断和处置，避免更大的灾难发生。"我是总设计师，我不仅要为这条艇的安全负责，更要为艇上100多个参试人员的生命安全负责到底。"

试验当天，天公作美。5级偏东风，浪高1米多，是南海难得的好天气。

艇慢慢下潜，先是10米一停，再是5米一停，接近极限深度时，潜艇开

▲ 黄旭华生活照

始 1 米 1 米地往下潜。深海寂寂，只听到巨大的水压压迫潜艇发出"嘎吱""嘎吱"的响声，所有人都屏息静待。100 米，200 米，250 米……核潜艇稳稳地到达了极限深度，等待一段时间后，开始缓慢上浮，等上浮到安全深度，艇上顿时沸腾了，握手的握手，拥抱的拥抱。

试验成功了！

中国核潜艇发展史上首个深潜纪录由此诞生。中国核潜艇的总设计师随艇一起深潜，也成了一项代代传承的"光荣传统"。

潜艇上的《快报》宣传干事请黄旭华题字，这个世界上第一个参与核潜艇极限深潜的总设计师欣然挥毫："花甲痴翁，志探龙宫。惊涛骇浪，乐在其中！"

大海碧波，以身许国。一生痴迷核潜艇，无怨无悔，纵有惊涛骇浪，依旧乐在其中，苦中有乐，苦中求乐。一个"痴"，一个"乐"，他说这两个字成了他一生的写照。

直到几年之前，中国的第一艘核潜艇"长征一号"才正式退役，经去核化处理后供公众参观。而它的总设计师仍在"服役"——在位于武汉中山路450 号的中国船舶重工集团公司第七一九所内，时常能看到白发苍苍的黄旭华和年轻科研人员并肩前行的身影。

媒体多称他为"中国核潜艇之父"，他坚决反对。在他心中，核动力专家赵仁恺、彭士禄，导弹专家黄纬禄，都是"中国核潜艇之父"，因为全国千千万万人自力更生、艰苦奋斗、大力协同、无私奉献，才有了中国第一代核潜艇。

他在接受媒体采访时说："我代表的不是我个人，而是整个核潜艇研制团队，我的一切功劳与荣誉属于和我一起并肩战斗、把青春和热血都奉献给我国核潜艇研制事业的默默无闻的战友们。"

▲ 黄旭华接受媒体采访

💬 赫赫而无名的人生

"我的人生，就是在日本飞机的轰炸声里决定的。"黄旭华说。

童年往事，黄旭华依然历历在目。小学毕业后，因全面抗战爆发，他曾半年多未能上学。不断躲避敌机轰炸的遭遇，让曾梦想当医生的黄旭华改变了人生志向，"我要学航空学造船，科学才能救国"。

他本名黄绍强，在桂林中学求学期间，他因"旭日荣华"四字而改名为"黄旭华"，意思是中华民族必定如旭日东升一般崛起，他要为民族强大做出贡献。

多年后，总有记者问他："对你来说，祖国是什么？"

他总是回答："我还记得当初入党时的誓言。只要党和祖国需要，我可以一次流光自己的血，也可以让血一滴一滴地流淌。"

　　这是黄旭华对祖国的表白，也是他一以贯之坚守的诺言。因为这个诺言，他付出了常人难以想象的艰辛。事实上，从接到研制核潜艇这个绝密任务起，黄旭华30年没有回家，与父母、朋友、同学彻底断了联系，"此后30年里，他们不知道我，我也不知道他们"。

　　1987年元旦，《人民日报》对外公布，我国已研制成功了尖端的导弹核潜艇，这一消息迅速引发轰动。

　　当年年中，上海《文汇月刊》刊登长篇报告文学《赫赫而无名的人生》，文中讲述了一个隐去姓名、隐去影像的导弹核潜艇的总设计师的故事，"他，恰是有为而埋名的人生，就像他负责设计的潜艇，久久地潜进深深的海洋，是赫赫的存在，又是无影的存在"。

　　故事的主角正是黄旭华。作家祖慰在文中回忆："我想给他的大额头拍照，可采访过他的一位女记者提醒我说：不行。他从事的工程，荣获国家颁发的科学技术进步奖特等奖。他本人有一单项获全国科学大会奖，他还是中国船舶工业总公司的劳动模范。你注意到了没有，报纸发表时，其他劳模都有照片，唯独他没有。他的影像保密，可看而不可拍照，就像珍贵文物一样，挂有'请勿拍照'的牌子。"

　　黄旭华将文章寄给广州老家的母亲。虽然文中只提到"黄总设计师"，但母亲还是坚定地相信这个"中国核潜艇黄总设计师"就是她离家多年的三儿子。她戴着老花镜一遍遍地读着文章，老泪纵横。之后，母亲将家里的其他兄弟姐妹召集到一起，跟他们讲："这么多年，三哥的事情，你们要理解，要谅解他。"

　　事实上，不只是父母，他和妻子李世英以及3个女儿亦是聚少离多。黄旭华是客家人，妻子和他开玩笑："你是真正的'客家人'，你是到家里来做客的。"

　　"时时刻刻严守国家机密，不能泄露工作单位和任务；一辈子当无名英雄，

▲ 黄旭华（右三）与青年科研人员（王维伟　摄）

隐姓埋名；进入这个领域就准备干一辈子，就算犯错误了，也只能留在单位里打扫卫生。"时隔多年，黄旭华还清楚地记得，这是刚加入核潜艇研制战线时，领导给他提的要求。他毫不犹豫地答应了。

曾有老同学问他："一般的科学家都是公开提出研究课题，有一点成就就抢时间发表，而你们秘密地搞课题，越有成就把自己埋得越深，你能承受吗？"

"我能承受。"黄旭华给出了肯定的答案，他说，与"党和国家信任你"相比，"当无名英雄，是小事情！"然而，隔了几十年的岁月再回头看当年的选择，黄旭华也坦承："隐姓埋名当无名英雄，也有难以忍受的痛苦。"

然而，国家终归没有忘记这些"无名英雄"。

2014年，黄旭华获评"2013年度感动中国人物"殊荣。颁奖词如此写道："时代到处是惊涛骇浪，你埋下头，甘心做沉默的砥柱；一穷二白的年代，你挺起胸，成为国家最大的财富。三十载赫而无名，花甲年不弃使命。你的人生，正如深海中的潜艇，无声，但有无穷的力量。"

2017 年，黄旭华作为第六届全国道德模范代表，与其他代表一起，在人民大会堂受到习近平总书记的亲切接见。总书记两次与黄旭华握手，盛情邀请年事已高的黄旭华坐到自己身边。这一幕，通过镜头广为流传，直抵人心。

同年，《光明日报》发表评论员文章《新时代呼唤更多黄旭华》。文中称："'家国情怀'这个词虽然宏大但并不空洞，黄旭华这样的'国之脊梁'为这些所谓的'大词'注入了血与肉……这位倔强的老人，投身我国核潜艇事业近 70 载，他守护的是大国重器，更是不曾放弃过的中国梦。"

2019 年，黄旭华从习近平总书记手中接过共和国勋章奖章。"核潜艇研制是一项伟大而艰辛的事业……"他在致辞时说，"'誓干惊天动地事，甘做隐姓埋名人。'我和我的同事们，此生属于祖国，此生无怨无悔。"

李德仁：

"东方慧眼"，翱翔苍穹之上

李德仁，江苏镇江人，1939 年 12 月 31 日出生于江苏泰县（现泰州市姜堰区），武汉大学教授，中国科学院院士、中国工程院院士，现任武汉大学测绘遥感信息工程国家重点实验室学术委员会名誉主任、武汉市科学技术协会主席。

李德仁是国际著名测绘遥感学家，我国高精度高分辨率对地观测系统的开创者之一。他长期从事遥感、全球卫星定位和以地理信息系统为代表的地球空间信息学的教学研究。他提出包括误差可发现性和可区分性在内的可靠性理论，解决了测量学的百年难题。他首创的从验后方差估计导出粗差定位的选权迭代法，被国际测绘界称为"李德仁方法"。他于 2017 年获得第八届"中国地理科学成就奖"；2020 年获得布洛克金奖；获得 2023 年度国家最高科学技术奖。

▲ 李德仁院士

"5，4，3，2，1，点火！"随着赤橘色烈焰瞬间迸出，"快舟十一号"运载火箭一路呼啸、直上云霄。

"轰隆——"2024年5月21日12时15分，由武汉大学团队自主研制的"珞珈三号"科学试验卫星02星搭载"快舟十一号"运载火箭，在酒泉卫星发射中心成功发射升空，顺利进入预定轨道。

接到来自酒泉的喜讯后，中国科学院院士、中国工程院院士李德仁很高兴。担任这颗卫星首席科学家的中国科学院院士龚健雅是他的学生，也是他测绘遥感团队的成员。李德仁告诉我们，这颗卫星具有0.5米分辨率全色成像、10米分辨率高光谱成像的能力，优化了以往遥感数据收集模式，数据收集将更加便捷、高效、精准。

初心

1957年，18岁的李德仁高中毕业，立志科技报国。起初，他最想学的是造火箭，第一志愿是北京大学。彼时，经周恩来总理批准成立的武汉测绘学院（2000年并入武汉大学）刚刚建立，亟需补充生源。当年的政策规定，凡是12个志愿里面填报了武汉测绘学院的学生一律优先录取至该校。于是，李德仁以第八志愿被武汉测绘学院录取。从此，他开始了60多年的测绘生涯。

进入武汉测绘学院后的李德仁，不仅学习勤奋、天资聪颖，而且比一般人更具质疑精神。彼时，我国现代化的高等教育体系建设刚刚起步，很多学科建设都以苏联的教材为蓝本。在学习过程中，李德仁发现苏联专家编的教科书中有多处错误，他不仅逐一挑出错误，而且非常认真地把这些错误辨析写成文章。这一"离经叛道"的大胆之举，引起了"中国摄影测量与遥感学科之父"王之卓的注意。

本科毕业后，王之卓鼓励李德仁报考自己的研究生。3门考试科目，李德仁两门满分、一门99分。既得先生器重，又考取高分，李德仁自信满满，身边的所有人都认为他读研一事十拿九稳。然而，适逢年代动荡，他因为被人举报"中学曾发表右派言论"而被取消读研资格。几十年后，他才知道，所谓的"右派言论"只不过因为他赞成"高考成绩面前人人平等，录取不应看家庭出身"的观点。

莫名其妙被剥夺了读研资格，失去了跟着王之卓先生钻研遥感的机会，李德仁非常委屈和愤懑。他一个人失魂落魄地走在珞珈山上，恍惚间从凌波门走出校园，走到东湖边，准备一跃而下。突然间，几只飞鸟呼啸而过，冲上云霄。他顿时清醒了过来。人的一生何其漫长，未来还有无限种可能，何必在乎这一时一事的荣辱得失？

李德仁背上行囊，接受分配，先后进入西安国家测绘局第二地形测量大队、国家测绘局测绘科学研究所工作，一干就是10多年。在此期间，他始终记得

▲ 李德仁（左）与导师王之卓

▲ 2019 年 9 月 10 日，李德仁（右）在德国斯图加特看望博士导师阿克曼教授

王之卓先生的嘱托，不曾放弃对测绘遥感领域的钻研。

转眼到了 1978 年，冰封太久的中国大地终于迎来"科学技术的春天"。接到国家恢复招收研究生的喜讯，王之卓第一时间联系那个爱挑错的年轻人，破格招录他为自己的研究生——这一年，李德仁已 39 岁，接近不惑之年。

如饥似渴地学习研究，加之丰富的测绘实践经验，让他很快学有所成。1981 年，李德仁以全优成绩获得硕士学位并留校任教。随后，他又被派往德国进修，成为新中国派往德国学习航空摄影测量（以下简称"航测"）的第一位学者。

在德国波恩大学求学的半年内，他在西方学者发现和消除粗差的倾向性方法上，推导出比丹麦法更具优势的新方法。这个方法被国际测绘界称为"李德仁方法"。

1983 年，在王之卓的推荐下，李德仁进入德国斯图加特大学攻读博士学位，师从国际著名的摄影测量和遥感学家阿克曼教授。当时，阿克曼给了他一个航测领域极具挑战的世界难题——误差可区分性。这是一个世界测量学史上的百年难题。

李德仁以丰富的学科积累和超乎常人的毅力，仅用一年零四个月就解决了这一世界性难题。也因此，原本需要五六年才能完成的博士学业，他不到两年就完成了，而且他的论文答辩成绩是斯图加特大学博士论文历史最高分。至今，全世界都在用李德仁的理论去矫正自己的航测平差系统。

面对这样一颗冉冉升起的科学明星，很多欧美科研院所都向他抛出橄榄枝，承诺给予优厚的待遇。但李德仁依然希望回报祖国，因为彼时中国的遥感测绘事业刚刚起步，与西方发达国家相比，相差很远。

妻子朱宜萱的一封信，坚定了他迅速回国的决心。信中写道："你是一头牛，吃国家的草，一直到了 45 岁，你怎么不为国家、为人民产点奶？你现在应当回来挤奶了，这是你做贡献的时候。"

💬 应用

1985 年李德仁博士毕业回武汉测绘学院任教，次年被破格晋升为教授；1991 年、1994 年先后当选为中国科学院学部委员（院士）、中国工程院院士。曾有媒体惊呼："9 年！他，从博士到两院院士！"

谈及这段被誉为"传奇"的经历，李德仁显得云淡风轻。他向我们介绍："虽然我从博士毕业到评教授、成为院士的时间很短，但那时候我已做了几十年的研究和实践，打了很多年的基础，再加上正好赶上了党的人才政策机遇，就个人而言，也说不上有多么传奇。"

因为看过世界的模样，才更加忧心国家的未来。回国后，面对我国卫星、航空、地面系统等多方面落后于西方国家 30 年的现状，李德仁心急如焚。他

▲ 2018 年 1 月 3 日，李德仁在武汉大学社会地理计算联合研究中心成立仪式上做报告

多次呼吁："中国要有自己的高分辨率卫星，要有自己的测绘卫星。"

从德国学成归来的李德仁主要研究领域是航测。回国后，他接到了一项重要而艰巨的航测任务——为中国和某邻国边界测图。

绵长的边界线或隐于茫茫群山中，或在大漠深处、江河险要之地，地面上还可能有战争留下的地雷，如何在短时期内迅速摸清？单靠人去测量肯定不行。李德仁提出"把全球定位系统（GPS）放到飞机上"，运用"GPS 空中三角测量"技术，他很快完成了无需地面测量的边界测图任务，此后又完成了我国海南岛、虎跳峡等多地和整个西部地区的航测测图。这是中国人第一次通过机载 GPS 系统测图。此举极大地减少了人工野外测量工作量，极大地提高了工作效率，成为中国追赶国际航测先进水平的起步。

2002 年，李德仁作为牵头人向国家有关部门提出"建设我国高分辨率对地观测系统"（以下简称"高分专项"），这一建议得到肯定。2010 年"高分专项"正式立项，并被列入我国 16 个国家重大专项。"高分专项"被很多人称为"中国人自己的全球观测系统"。该专项专家组组长为中国航天科技集团的王礼恒院士，李德仁担任副组长。

10 多年过去了，"高分专项"完成了从光学卫星到雷达卫星，从地球同步轨道卫星到太阳同步轨道卫星，从 C 波段、S 波段和 X 波段到 L 波段"花样齐全"的各类合成孔径雷达（SAR）卫星的研制发射。

"高分专项"建设成绩斐然，基本上满足了我国经济发展、国防建设与大众民生的重大需求，使我国的卫星遥感技术及其应用迅速地赶上了世界先进水平。

"这项成果是我们在元器件受限的情况下，用中国人的智慧，用我们的数学理论和过程控制的方法，达到的世界一流水平。"李德仁自豪地说。

在自主自立这一原动力的驱使下，李德仁还带领团队，将国产卫星遥感影像分辨率提高到 0.5 米，定位精度从 300 米提高到 5 米以内，研制了我国天－空－地 3S 集成的测绘遥感系统，建立了自主可控的国产地理信息技术体系……从基础理论到重大技术创新，让中国测绘遥感实现从无到有、从有到优。

从卫星数据 85% 依赖国外进口，到实现 90% 的自给率，再到向其他国家出口，我国的测绘遥感技术，一步步从落后，走到了世界前列，建立起了真正的"中国人自己的全球观测系统"！

从支持青藏铁路测量到协助农林部门快速摸清相关数据，从北京奥运会安保到数字敦煌工程，从南水北调可行性分析到城市拥堵问题数据收集……在李德仁看来，国家有需要，人民有需求，就是科学研究最大的动力。而他倾注心血潜心研究的遥感卫星用途之广已经超出我们的想象，几乎覆盖经济社会生活的方方面面，与每个人都息息相关。

他举例："比如，我们为农业农村部、自然资源部测算中国有多少个大棚，可使用人工智能和遥感卫星得到答案——目前全国有 1800 多万个大棚。假使用人力计算，算 1 年也算不出来。"他表示，遥感卫星服务正从 B2B（企业对企业）、B2G（企业对政府）向 B2C（企业对消费者）转换，走进大众，赋能千行百业。

作为摄影测量、遥感和地球空间信息科学的领军科学家，李德仁也得到了国际学术界的高度认可。2020 年 1 月，他获颁国际摄影测量与遥感领域最具影响力奖项之一的布洛克金奖，成为我国获此殊荣的第一人。

创新

传统认识里，发射卫星是政府才能做的事情，李德仁认为时代在进步、技术在进步，支持商业卫星发展不仅能够满足市场的应用需求，而且有助于国家卫星网络的构建。

2014 年，他牵头建言支持商业航天卫星遥感事业发展，当年就获国家支持。

2015 年，"东方慧眼"和科技狂人埃隆·马斯克的"星链"相遇了。那一年，马斯克的"星链"计划和李德仁主导的"珞珈"系列科学试验卫星工程都宣告启动。

"珞珈"，为"东方慧眼"打

▲ 2007 年 6 月 7 日，李德仁（右）与地理信息系统（GIS）之父罗杰·汤姆林森在国际数字地球大会上交谈

前站的"先遣队"。李德仁团队于 2015 年启动"珞珈"系列科学试验卫星工程，2018 年研制并成功发射首颗夜光遥感卫星"珞珈一号"01 星。2022 年，成功发射首颗以学生为主体研发的"启明星"微纳卫星。2023 年，"珞珈三号"01 星、"珞珈二号"01 星相继成功发射。2024 年，"珞珈三号"02 星（"武汉一号"）已发射成功，"珞珈四号"01 星（"武汉大学人民医院健康号"）已完成研制，2024 年即将发射。

在李德仁看来，"东方慧眼"是他和他的老师、同仁、学生等几代人，在测绘遥感领域一路不断攀登的最新集成创新——针对我国卫星遥感存在的"成本高、效率低、不稳定、应用少"等诸多问题，他们开启了"东方慧眼"智能遥感星座项目。

如果说美国的"星链"主打互联网通信，中国"东方慧眼"的目标则是"通导遥"一体化——将通信、导航、遥感集于一身，通过人工智能上天，形成一个"大脑"。这个"大脑"能对各种卫星感知的数据进行智能化处理，成为中国自主的空天信息实时智能服务系统。

未来，整个星座预计有 250 多颗卫星在轨，"东方慧眼"将搭建起一张集定位、导航、通信、应急、搜救于一体的"太空网"，从"玩微信"到"玩卫星"，让每个人都可以用手机调用头顶的卫星，3 ～ 5 分钟就能看到想看的地球图片或视频，享受卫星带来的红利。

"这件事干成了，就能解决现有的通信、导航、遥感卫星系统各成体系、孤立运行，以及服务方式难以满足经济社会发展和国防建设需求的问题，就能更好地实现由航天大国向航天强国的跨越！"李德仁说。

近些年，他的很多重要建议都得到国家的肯定乃至成为政策。2017 年，李德仁和龚健雅、杨元喜、郭华东共 4 位院士通过中国科学院向国家呈送《关于开展我国自主高精度全球测图的建议》，获批立项。

2019 年，他和王礼恒、刘韵洁、周志成、刘经南、卢锡城、张军、龚健雅、刘泽金共 9 位院士，通过中国工程院向国家呈送有关夺取空天制信息权的建议，获得肯定。

他此前关于支持商业卫星发射的建议也产生积极效果。目前我国商业航天卫星也已达到 300 多颗，形成了军、民、商航天三足鼎立的协同发展新格局。

令李德仁感到自豪的是，中国的测绘遥感还能为国际事务贡献不可小觑的力量。2011 年叙利亚发生内乱。由于战争比较残酷，各国记者一时间无法靠近前线，因此全世界都不知道战场上的情况到底如何。

李德仁团队利用夜光遥感技术对叙利亚内战进行评估，非常有效地满足了人们的信息需求。李德仁团队成员、该项目主要负责人李熙曾表示，"多年的内战导致叙利亚正处于严重的人道主义危机中，83% 的夜间灯光消失，大部分叙利亚城镇处于黑暗之中，其中以阿勒颇省最为严重，夜间灯光损失率高达 97%。"该研究成果被联合国安理会使用并在国际上引起广泛关注。在战地记者无法到达的地方，武汉大学的师生团队用了不到 100 美元的投入，从太空视角搞清楚了战争的基本情况，为叙利亚整个国家遭受战争蹂躏的情况，提供了最为客观的数据源。

武汉大学"珞珈一号"卫星分辨率为 130 米，理想条件下可在 15 天内绘制完成全球夜光影像，提供我国及全球国内生产总值（GDP）指数、碳排放指数、城市住房空置率指数等专题产品，动态监测中国和全球宏观经济运行情况，为政府决策提供客观依据。李德仁介绍，该卫星能记录人类晚上的活动，这对于灾害、战争与和平态势的分析，成果都非常可观。

众所周知，目前全球有四大卫星导航系统——美国的全球定位系统（GPS）、俄罗斯的格洛纳斯卫星导航系统（GLONASS）、欧盟的伽利略卫星导航系统（Galileo）和中国的北斗卫星导航系统（BDS,以下简称"北斗"）。一般情况下，构建卫星定位系统需要在地面布局基准站，以便让卫星导航系统精度提高到厘米级甚至毫米级。当年西方国家布局 GPS，在包括中国在内的世界上很多国家和地区建立了几千个基准站。2020 年中国布局北斗，一些西方国家却拒绝中国团队建立基准站——西方国家可以做的事情，中国不能做。面对这种政策上的"卡脖子"，很多人愤愤不平，但愤愤不平并不能解决问题。

如果不能在地面上建立足够多的基准站，北斗这么高精度的卫星定位系统，就无法进行全球服务。身为空天信息科学家的李德仁牵头创造性地研究出中国第一个低轨卫星导航增强系统和室内外一体化亚米级手机导航定位系统。有了这些系统，中国的北斗卫星定位就可以实现不在国外建设基准站的情况下，精度达到 GPS 同等水平，部分技术性能甚至优于 GPS。

这无疑是一个颠覆性的重大创新！这个重大创新成果的取得，意味着中国在这项高精尖技术上已经居于世界领先地位。鉴于中国的创新之举，目前，包括美国在内的一些发达国家也开始奋力跟进这项技术。

瞄准国家需求，解决测绘导航定位、卫星遥感和地理信息方面"卡脖子"技术难题，几十年来，李德仁带领武汉大学测绘遥感信息工程国家重点实验室成员做出了许多重大创新成果。

"坐地日行八万里，巡天遥看一千河。"为了把"东方慧眼"卫星"擦"得更亮，李德仁在卫星精度和质量上下功夫，用高精度地面定标场，用精细的算法提高数据质量，卫星分辨率从 5 米、3 米、2 米、1 米做到 0.5 米，这一连串数据直观地记录了中国卫星从无到有、从有到好的整个过程。

"到 2030 年，我们要发射 250 多颗卫星，让我们在地球每个地方都能实现看得快、看得清、看得准、看得全、看得懂的目标。不仅如此，我们的成本也更低，产出将更大。"李德仁说。

💬 奋斗

值得一说的是，在武汉大学，仅测绘学科就走出 10 余位两院院士——老一辈学科奠基人夏坚白、王之卓、陈永龄等蜚声中外，还有宁津生、刘经南、张祖勋、陈俊勇、龚健雅、李建成、郭仁忠、陈军、王桥和李清泉等众多与李德仁一样继往开来、推动学科发展的科技大家，他们每个人都有着打破垄断、填补空白、创造第一的举世成就，共同锻造出我国测绘领域的"梦之队"。

国家"三大奖"他们捧回了 20 多项，其中连续 3 年获得国家科学技术进步奖一等奖；一项项突破性的成果，应用于各个领域；研发自主知识产权数字摄影测量系统，改变了传统测绘模式，在国内外得到广泛推广；北斗全球导航系统相关研发，打破卫星导航的西方垄断，使泱泱中华又多了一个"大国重器"，形成了以院士为学术带头人、一大批高层次人才为骨干的高水平研究团队……

▲ 2017 年 6 月 22 日，李德仁参加武汉大学毕业典礼并为毕业生拨穗

关于团队建设和人才培养，作为培养出一大批院士、教授、各类国家人才的科学家，李德仁表示，院士应该在国家重大需求指引下，结合自身研究领域，按照科学发展规律努力"出好卷子"，做战略科学家。"出卷子"，其实就是规划好如何动员各方优势力量集中攻关，特别是要让年轻人有创新的空间、奋斗的目标，在"答好卷子"的过程中锻造人才，通过回答问题的方式拉动各行各业需求。

李德仁非常关心年轻人的成长。他建议年轻人遵循"读书—思考—创新—实践"的过程。不读书掌握不了前人的知识，读书则可以很快地掌握；读书以后不思考就是死读书，要找到问题，找准国家和社会的需求才能发现问题；读了书、有发现、会思考，就有了创新的原动力；创新成果到底对不对路，要放到实践中去检验，这是一个不断探求真理、不断解决问题、不断成长的过程，只有坚持不懈地努力，才能取得成功。

大多数时候，李德仁都会穿上武汉大学测绘遥感信息工程国家重点实验室的文化衫，时而像一团火、时而像一片叶，与老师、学生融为一体。他认为团队精神非常重要，一个人再有本事也抵不上团队的智慧。他常对年轻教授们说："团队精神就是要会管理别人，还要会接受别人的管理。团队里，有人领导你，你也领导一批人，如果你不能很好地服从更高的领导者的管理，就无法在实现整体科学目标的过程中发挥应有作用；如果你不会领导别人，没有团队精神，你的科研任务就无法取得最好的成绩。"

尽管快年满 85 岁，但李德仁依然奋战在科研第一线，非常忙碌。他说："我这个人坚持一辈子的人生哲学就是'不停地思考、不停地创新、不停地奋斗'，

▲ 2004 年 3 月，"测绘学概论"课程组在庐山召开书稿统稿会

人活着就是要不停地去学习，不停地去思考，接着去创新创造，这个过程肯定是艰苦的，但也是饱满、充实、快乐和有意义的！"

在人才培养上，包括李德仁在内的武汉大学测绘学科"院士天团"不仅关注硕士生、博士生的培养，还注重本科教育。从 1997 年 9 月起，20 多年来，宁津生、李德仁、陈俊勇、刘经南、张祖勋、龚健雅、李建成等七位院士接续给本科生上一门课——测绘学概论，此举在教育界产生巨大反响。

令李德仁感到欣慰的是，迄今为止，武汉大学的遥感技术学科连续 7 年稳坐世界第一的宝座，牢牢保持着全球领先地位。

令世人瞩目的是，2024 年 6 月 24 日，2023 年度国家最高科学技术奖揭晓，李德仁院士光荣获选。习近平总书记为他颁奖并表示祝贺。这是国家领导人对中国测绘遥感事业的肯定、鼓励和鞭策。李德仁将和全国科技工作者一道，为实现 2035 年把我国建成世界科技强国，继续努力奋斗。

陈孝平：

勇闯肝脏外科"禁区"

陈孝平，1953 年生于安徽省阜南县，中国科学院院士，华中科技大学同济医学院名誉院长，华中科技大学同济医学院附属同济医院外科学系主任、肝胆胰外科研究所所长。国家卫生健康委员会器官移植重点实验室主任、中国医学科学院器官移植重点实验室主任、中国人体器官捐献管理中心专家委员会主任委员。

他在肝胆胰外科领域做出了较系统的创新性成果：提出新的肝癌分类和大肝癌可安全切除的理论；创建控制肝切除出血技术 3 项和肝移植术 1 项；提出小范围肝切除治疗肝门部胆管癌的理念，建立不缝合胆管前壁的胆肠吻合术和插入式胆肠吻合术；改进了胰十二指肠切除术操作步骤，创建"陈氏胰肠吻合术"等。这些理论和技术在全国广泛推广应用，效果显著。

他曾获得中华医学科技奖一等奖、国家科学技术进步奖二等奖、教育部提名国家科学技术进步奖一等奖、何梁何利基金科学与技术进步奖、中国肝胆胰外科领域杰出成就金质奖章、教育部科学技术进步奖二等奖、中国抗癌协会科技奖一等奖、亚太肝胆胰协会突出贡献金质奖章、2019 年全国"最美科技工作者"称号等众多奖项。

他现任亚太腹腔镜肝切除推广与发展专家委员会主席，中国腹腔镜肝切除推广与发展专家委员会主任委员，国际肝胆胰协会中国分会主席，亚太肝癌协会常委，国际外科专家组（ISG）成员（中国大陆仅 1 名）。

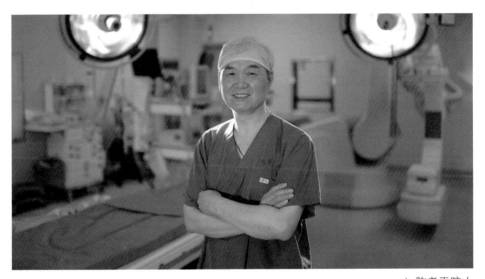

▲ 陈孝平院士

2023 年 9 月，国际肝胆胰协会（IHPBA）宣布，中国科学院院士、华中科技大学同济医学院附属同济医院外科学系主任陈孝平获 2023 年度国际肝胆胰协会杰出贡献奖及金质奖章，是该年度全球唯一获此殊荣者。

国际肝胆胰协会是全球规模最大的肝胆胰领域的非营利性学术组织。自 2004 年协会设立该奖项以来，全世界仅有 19 位获奖者，陈孝平是中国大陆唯一一位获奖者。

💬 手术没有彩排，只有"直播"

许多人认识陈孝平都是从一场手术开始的。

这是一场万众瞩目的手术。

2009 年，55 岁的"暴走妈妈"陈玉蓉，为救身患先天性疾病——肝豆状核病变的儿子，长达数月日行 10 千米，成功减去了重度脂肪肝，在华中科技大学同济医学院附属同济医院接受亲属间活体肝移植。

中央电视台全程直播了这台手术，全国亿万观众为术中母子揪心。这场手术的主刀医生正是时年 56 岁的陈孝平。

肝脏是人体内最大也是最重要的器官之一，血供丰富、功能复杂。在医学界，器官移植被称为外科手术的"王冠"，肝脏移植则因难度大、危险性高被定义为"王冠上的明珠"。

从早晨 7 时 40 分到晚上 9 时 50 分，整场手术历经漫长的 14 小时，直到最后一根胆管缝合成功，陈孝平悬着的心才放了下来，母子平安。

"这个妈妈非常伟大、非常坚定，她感动了我，这么好的一位母亲，我们有责任去帮助她。"当记者问到为何接下这一高难度手术时，陈孝平说。

勇于挑战背后是足够的自信："这项技术是成熟的。手术技术、手术模型在我读博士研究生的时候就已经做完了，动物实验也已经完成了，就差临床没有用。"

▲ 2009 年暴走妈妈（左二）割肝救子，手术顺利，康复出院

在国内，亲属间辅助性部分活体肝移植从理念到实践，都由陈孝平首创。早在 20 世纪 80 年代，陈孝平就在国际上第一个提出了"亲属间活体肝移植"的理念；2008 年，由陈孝平主刀的国内首次亲属间活体肝移植手术获得成功。

尽管手术前准备充分，手术中还是遇到很多复杂情况，虽然一举一动都展现在亿万观众面前，陈孝平却始终保持冷静。他说，台上一分钟，台下十年功，手术没有彩排，只有"直播"。

切开、暴露、分离、止血、结扎、缝合……陈孝平执着于手术的每个规定细节和流程，一视同仁地对待每台手术。对一个手术病人，术前、术中、术后，他一天至少要亲自检查 3 次。所有由他主刀的手术，他都会亲自看超声动态影像，而不是只看纸质报告，"提前预判，有目的地做手术，有了警惕、主动，胆大心细，才能避免不必要的损伤"。

从医 40 多年，截至目前，陈孝平已施行和指导施行各种肝胆胰手术 2 万多例，其中肝癌手术 1 万多例，这在全世界都是少有的。他首创的肝胆胰外科新技术，已在全国推广应用，极大推动了肝胆胰外科的进步与发展。

2023 年秋季开学第一天，陈孝平受邀参加"少年对话院士"江汉区专场，为线上线下的数千名学生开讲。在现场，"暴走妈妈"陈玉蓉手捧鲜花，向陈孝平致敬并表示感谢。她说："努力的意义可能对每个人来说都不尽相同，但可以确定的是，无论是谁，只有努力多一点，人生才会遗憾少一点。我们要始终相信，追光的人，终点一定是光芒万丈。"

💬 "跟着国外走，永远只能做老二"

陈孝平最为人称道的，是他在肝脏外科治疗和肝移植方面做出了系统的创新性成果，打破了该领域 5 个手术禁区，创立了 3 项中国人原创的手术方式，多项医学研发技术在基层医院推广，极大地提高了中国肝病手术治疗水平。

做了多年的临床医生，陈孝平的医学技术创新，始终是从临床的角度出发的。

在他看来，临床医生虽然辛苦，但面对的是实实在在的病人，时刻遇到真实的治疗难点、痛点，潜心钻研，寻找解决方法再运用于临床，可以实现良性循环。"发现问题，提出问题，研究问题，反馈到临床解决问题。"他说。

他不膜拜权威，敢于质疑、勇闯禁区。过去，国际医学界普遍认为肿瘤大，肝脏切除就多，病人也就很难存活，大于 3 厘米的肿瘤一度被列为手术禁忌证。但陈孝平研究后发现：同样范围的肝切除，肿瘤越大，丢失的肝脏组织越少，病人越安全；肿瘤越小，丢失的肝脏组织越多，病人越危险。

这是一个颠覆性的结论。它从理论上证明了大的肝脏肿瘤不仅能切除，而且比小的更安全，突破了以往肿瘤大不可切的观念。之后大量的手术证实，大肝脏肿瘤可以安全地实施肝切除手术。

此前，国外医学界认为，常温下暂时阻断肝脏血流不应超过 20 分钟，如果阻断时间再延长，肝脏就会坏死。然而在 20 世纪 70 年代，同济医院外科抢救的 2 例患者阻断肝血流时间均超过了 20 分钟，未出现不良后果。陈孝平由此对这一传统理论提出质疑，并在此基础上开始相关实验和临床研究。深入的临床研究表明，对于无活动性肝炎、严重肝硬化、脂肪肝的病人，肝常温下阻断入肝血流时限 40 ～ 60 分钟是安全的。这一研究结果为肝切除术的安全实施奠定了坚实的理论基础。

陈孝平有许多的奇思妙想。肝脏手术中有一关键步骤，需要将肝脏悬吊起来充分暴露，传统肝脏悬吊技术用坚硬的器械盲穿悬吊，极易引发大出血。陈孝平构想了一个看起来有些"土气"的解决方法：在肝后下腔静脉右侧与右肾上腺之间建立肝后间隙的通道，沿这一通道放置 2 根手术常用软条带，1 根向左拉，1 根向右拉，操作简单又安全，这就是享誉世界的"陈氏肝脏双悬吊技术"。他说："这不是传统书本上的东西，完全是自发想象出来的。"

胰腺癌恶性程度高，在我国发病率呈逐年上升趋势。手术是可切除胰腺肿瘤的首选治疗方案，但在进行胰肠吻合时，可能出现最凶险的并发症胰瘘，其总病死率达 20%。为了解决这一世界性难题，陈孝平创新

▲ 陈孝平留学海外

性地提出了"陈氏胰肠吻合术"，这一方法与过去的胰肠吻合的缝合方法不同，质量牢靠，不会滑脱。2018年4月，在美国外科协会第138届年会上，这一原创手术术式获国际同行赞誉。"最重要的是这个方法是中国人想出来的，其他国家没有。"陈孝平说。

自信是慢慢形成的。1986年、1991年，陈孝平先后到德国、美国访问留学，收集了很多外科临床的第一手资料。"资料收集得越多，我的信心就越足，觉得无须仰视。"在他看来，国内的技术并不比国外差，差距主要体现在设备、环境上。在陈孝平看来，"别人是老师，我们是学生，这种科研观念要不得"。

因为创新，陈孝平也受过许多质疑和批评，常有人说他胆子太大了。"创新、突破时一定有压力，而且是相当大的压力。"陈孝平多年后回忆时说。他敢于挑战的勇气更大程度上来自对科研能力的足够自信："我们的创新、突破不是拍脑袋，它的前提是临床发现了问题，或者临床存在需求，有改进和创新的空间。而当我们提出的解决办法经过临床应用，确实达到了想要的效果，那么自信心就来了，腰杆就挺直了，别人再批评都不怕。""只要自己的研究成果是真的，在临床上证明可行，总有一天会被接受。"陈孝平说。

▲ 陈孝平获国际肝胆胰协会杰出贡献奖之金质奖章

"不能一味地跟随国外的技术，跟着国外走，永远只能做老二。"怀抱着"要有自己的东西"的朴素愿望，一个个"经典医学论断"被陈孝平彻底推翻，一项项"空白"被填补。

2014年12月，全球科技领域权威杂志《自然》史无前例地出版专辑，介绍陈孝平的成就。文章中这样评价："陈孝平对肝胆胰疾病的治疗做出了救世贡献，是国际肝胆胰技术改进和创新的领导者。"

2023 年 9 月，陈孝平获年度国际肝胆胰协会杰出贡献奖及金质奖章，成为该奖项设立 19 年来，中国大陆唯一一位获奖者。颁奖词中说："陈孝平院士毕生致力于肝胆胰外科领域，为全球肝胆胰外科的发展和进步做出了杰出贡献。"

中国肝胆胰外科在国际上目前是什么位置？ 面对记者提问，陈孝平的回答干脆利落："我们属于国际第一方阵，是一流水平。"

💬 为什么是陈孝平？

2015 年，陈孝平当选中国科学院院士，成为当时湖北省唯一的医学院士。

"为什么是陈孝平？" 从他 1979 年考入武汉医学院（现华中科技大学同济医学院）师从"中国外科之父"裘法祖院士开始，40 多年来，一次次有人抛出这个问题。

一个只读了 1 年中学，从乡村赤脚医生走出来的年轻人，最终成为裘法祖院士培养的第一个博士生，在肝胆胰外科领域取得多项突破，被誉为中国肝胆胰外科领军人。许多人都在困惑："那么多优秀的年轻人，为什么他走得更远？"

陈孝平出生于安徽省阜南县的一个贫困乡村，是家中长子。20 世纪 60 年代末，国家大力培养基层赤脚医生，经公社医院短暂培训了 3 个月，15 岁的他成了走村串户的"赤脚医生"。这期间，他跟随老师在田间地头挖草药、学习医学知识，逐渐可以处理一些不太复杂的疾病。1970 年，当地推荐"工农兵学员"到蚌埠医学院学习，陈孝平"替补"得到机会，正式走进专业队伍。

虽然经历过无数台复杂的手术，但在多年后接受媒体采访时，陈孝平总是习惯性地回忆起早期从医生涯中的一台小手术。当时，他在淮南九龙岗煤

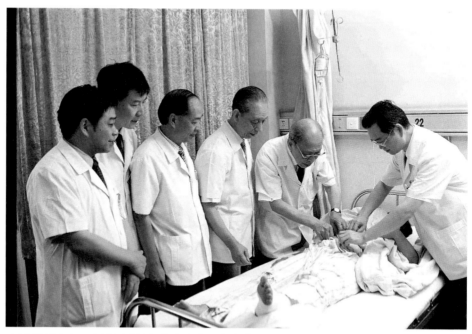

▲ 陈孝平（右一）陪同裘法祖院士（右二）查房

矿医院实习，仅仅用时 20 分钟就完成了一台阑尾切除手术。如此利落的阑尾切除手术，在当地引起了很大的轰动。"在老师的指导下，我也做了周密准备，很顺利地解除了病人的病患与痛苦，我感觉很欣慰，这也决定了我这一辈子的职业，就是做一名外科医生。"陈孝平说。

中国是肝病大国。20 世纪 80 年代，因为人们营养状况不佳，肝炎、肝硬化发病率居高不下。即使到 2024 年，我国依然有约 8600 万乙肝病毒感染者和 1000 万丙肝病毒感染者。1979 年，陈孝平选择肝脏外科作为主攻方向，顺利考取武汉医学院研究生，成为裘法祖院士的学生。

裘法祖是中国现代普通外科的主要开拓者、肝胆外科和器官移植外科的主要创始人之一，晚期血吸虫病外科治疗的开创者。对于医患关系，他曾形象地比喻："医生治病，是将病人一个一个背过河去的。"他提出"德不近佛者不能为医，才不近仙者不可以为医"，影响了包括陈孝平在内的一代代医学生。

在老师身上，陈孝平学到的最珍贵的东西，就是"做个好医生"。

他曾经的一位女病人肝脏上长了肿瘤，先后就诊过多家医院，医生都说要动手术，她都因为害怕而拒绝了。在同济医院就诊时，陈孝平让她躺下来，摸摸肚子、听听症状，她很快就决定留下来动手术。几年后，陈孝平再次碰到这位女病人。她说："看了那么多医院，只有陈医生给我摸了肚子，做了检查。"

陈孝平总是忙忙碌碌，不是在病房，就是手术室或实验室。他说，工作有时间规制，但病人生病不会遵照 8 小时工作制，做医生一定要有责任心、讲良心，精打细算，舍得为病人花时间。

即使在成为院士之后，陈孝平还是会亲力亲为地做一些别人看不上的"小事"，比如给病人换药。在他看来，医疗无小事，只有通过换药这样的"小事"，才能正确掌握每个细节，并从蛛丝马迹中找出异常情况。

恩师裘法祖常说，医生要做到"三会""三知"，即"手术要会做、经验要会写、上课要会讲""做人要知足、做事要知不足、做学问要不知足"。"三会""三知"为陈孝平指明了方向，几十年来，临床工作、科研和教学他一样都没落下。

陈孝平被媒体誉为"手术刀尖上的舞者""外科界的'武林高手'"。几十年来，他做了上万台手术，一把手术刀在方寸之间游刃有余。在他看来，肝脏外科手术器械众多，每种器械如同武术界的刀枪剑戟，用在不同的地方，它的功能也不一样，这就需要医生更加谨慎、细致，"十八般武艺都要会，才能称为外科界的'武林高手'"。

陈孝平至今还保留着一张黑白照片，一只做完肝移植手术 100 天的实验狗面向镜头。早在 1984 年，还在攻读博士的陈孝平就在国际上首创辅助性部分原位肝移植实验研究。当时做移植手术试验，开完刀后要连续观察两个星期。

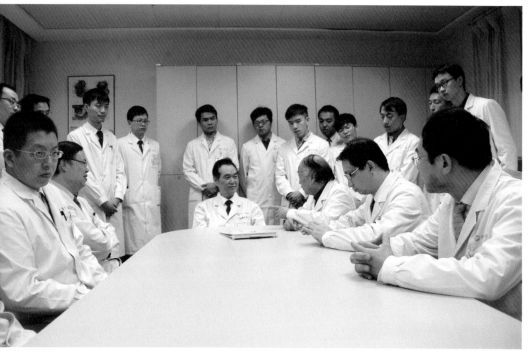

▲ 陈孝平（前排中）指导学生

陈孝平常常就住在医院的实验室里，手术结束后睡在实验狗的旁边。校园里就渐渐流传出一个笑话——"两个手术台，狗睡一个台子，另一个台子睡陈孝平。"

在他看来，做科研首先要舍得花时间，确定了目标，不可急功近利，须坐得"冷板凳"，十年磨一剑。正是这样不计较时间、不计较金钱、不计较一时得失，陈孝平在肝脏外科领域取得了一系列创新和突破。

裘法祖一生桃李满天下，陈孝平也高度重视学生的培养，"40%的精力给了医生，30%的精力给了科研，还有30%的精力给了教师"。他算了一笔账：一个医生一整天竭尽全力地工作，也只能看50个病人。但是，如果每天看20个病人，教好200个学生，就可以有成千上万个病人受益。

他自认是一个传统的老师。他希望学生能在临床上摸爬滚打，在专业技术和业务能力上全面发展，知识面要广、要深，专业技术走在世界前沿。同时，又希望他们做一个好人、一个好医生，不要昧着良心开大处方，不要昧着良心开不该开的检查单。

多年来，陈孝平笔耕不辍，先后主编全国高等医药院校教材 7 年制《外科学》、8 年制及 7 年制临床医学等专业用规划教材《外科学》第 1～3 版、5 年制《外科学》第 8 版以及配套教材、专著及参考书 20 余部。他所主讲的外科学被评为国家精品课程；2021 年 9 月，他荣获全国教材建设先进个人称号。

科普要从儿童抓起

走进武汉胜利街 155 号这幢百年历史建筑，陈孝平院士健康科普工作室映入眼帘，这是全国首家以院士领衔命名的健康科普工作室。

工作室内，一张张健康直播海报引人注目。扫描海报上的二维码进入直播间，就能看到陈孝平院士正在进行"护肝"小知识普及，或由武汉地区知名医学专家组成的专家团队在科普心脏、大脑、胃肠等方面的健康知识。

2020 年 8 月，陈孝平院士健康科普工作室正式挂牌。首期活动，就是邀请时任湖北省卫生健康委员会副主任的张定宇讲"健康好习惯"。在这场直播中，作为工作室首批专家团成员之一，张定宇特别提倡实行分餐制、使用公筷，减少疾病交叉感染的机会。

第一期"一炮打响"。随后，包括陈孝平在内的更多专家学者走进直播间。截至 2023 年底，已有近 70 位医界大咖、数名院士走进直播间，开展权威健康科普知识宣讲，深受大众的喜爱，网络观看量达到近 3 亿人次。

不止步于线上。自成立以来，陈孝平还先后组织近 200 名知名医学专家进学校、进社区，深入开展志愿健康服务活动 300 余场，为学生、居民传播健康科普知识。

陈孝平的恩师裘法祖对健康科普特别重视，早在 1948 年就创立了大众科普杂志《大众医学》，这也是中国办刊历史最悠久的医学科普杂志。潜移默化之下，陈孝平也认识到让医学回归大众的重要性。

在中国科学技术协会举办的一次座谈会上，他在谈及科技创新与科普的关系时打了一个形象的比喻："我国乒乓球强，跟乒乓球的群众基础广泛，大家都打乒乓球有关，足球、网球的成绩上不去，也跟场地少、玩的人少，普及程度不高有关。"与会者纷纷赞同。

他不认为大院士做小科普是大材小用。首先，在他看来，院士做科普传递了一个重要信息，即院士也在重视医学科普。其次，院士带头做科普，传授的医学知识有权威性，做出的科普行为有引领性，能更广泛、更全面地吸引更多不同专业的专家来共同参与，形成合力。

个人做科普，不如带动一群人做科普。在陈孝平的带动下，截至 2024 年 7 月，武汉已独树一帜地先后建立了 8 家以院士命名的科普工作室，第九家院士科普工作室也将亮相，涉及 24 名院士，涵盖生命健康、自然教育、信息通信、农业科技、精密测量、智能制造等多个领域。

从事科普工作多年，陈孝平自称有"两个没想到"："专家团队做科普的热情这么高，是我没想到的；我也没想到老百姓对健康科普这么感兴趣，这让我很有成就感。"

2023 年 6 月，陈孝平院士健康科普工作室再次启动健康科普大赛，先后收集到表演类、音视频类、微信类、图文类健康科普作品 600 件，经过初赛、复赛的层层筛选，79 件作品获表彰。陈孝平在颁奖礼上致辞指出："普及健康知识，提高全民健康素养水平，是提高全民健康水平最根本、最经济、最有效的措施之一。"

同年 8 月，陈孝平、桂建芳、刘经南、邓子新、孙和平、丁汉、徐红星七名中国科学院、中国工程院在武汉的院士，联名发起科普倡议书，呼吁广大科技、科普工作者积极投身科普传播事业，满足人民群众日益增长的科普需求。

陈孝平希望，未来能有更多时间走进社区、走进乡村，深入基层做科普，与老百姓面对面。他更希望能到中小学生中做科普，引导他们搞微创新、小发明，"我们要有意识地引导他们，在他们脑海里种下一颗科学的小种子，也许 10 年、20 年后，他们中就会有人成为大科学家"。

"院士科普工作室是武汉的一个创举。"中国科普研究所所长王挺多次来武汉考察院士科普工作室，在他看来，院士科普工作室的意义已超越个人，"院士们是符号，也是聚拢科学家的一面旗帜，只有集聚科技工作者的群体智慧，才能靠创新来撬动城市的明天。"

余永富：

中国"选矿王"

余永富，选矿工程专家，中国工程院院士。1932年9月出生于河南省南召县，1956年毕业于中南矿冶学院（现中南大学）。历任长沙矿冶研究院教授级高级工程师、院科协主席。现任武汉理工大学首席教授，资源与环境工程学院名誉院长、教授、博士研究生导师。

他长期从事铁矿石、大型多金属共生矿、稀土稀有金属矿及铜、钴、硫化矿选矿研究，先后取得处于国际领先水平的重大科技成果10余项。在武钢〔武汉钢铁（集团）公司〕大冶铁矿混合型铁矿石（磁铁矿、赤铁矿、菱铁矿）选矿新工艺新设备研究、白云鄂博大型多金属共生矿弱磁－强磁－浮选选矿新工艺研究、河南舞阳铁矿及首钢（首钢集团）秘鲁铁矿（南美洲）等选矿研究工作中，创造性地解决了选矿生产中的关键技术难题。其中白云鄂博大型多金属共生矿弱磁—强磁—浮选选矿新工艺被评为1992年全国十大科技成果之一。

他在国内首次提出"提铁降硅"和"铁前成本一体核算"的新思想以及"铁精矿质量主要评价体系"，在全国各钢铁企业和矿山广泛推广应用后，对于全面提升我国铁矿山和炼铁行业经济效益，推动炼铁原料进步做出了重大贡献。

他在科研之路上硕果累累，陆续发表论文100余篇，获国家科学技术进步奖一等奖2项、二等奖4项，省部级特等奖2项、一等奖7项。先后获得国家有突出贡献中青年专家、全国先进工作者、全国五一劳动奖章、中国金属协会授予的冶金技术终身成就奖等荣誉。

◀ 余永富院士

▲ 中国工程院前副院长王淀佐为余永富院士八十华诞题词

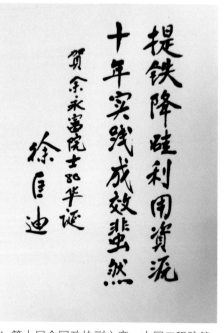

▲ 第十届全国政协副主席、中国工程院第八届主席团名誉主席徐匡迪为余永富院士八十华诞题词

一个曾经的乡村卖菜少年，如何成长为中国工程院院士？一名没有任何海外留学经历的科学家，如何登顶"选矿之王"？选矿工程专家、武汉理工大学首席教授余永富的科研之路，给出了答案。

"麓山巍峨，湘水清扬；选矿之王，山高水长。""提铁降硅利用资源，十年实践成效斐然。"余永富家的客厅墙面上，一左一右高高悬挂着两幅贺词，分别来自矿物工程学家王淀佐院士、钢铁冶金专家徐匡迪院士。短短数十字，凝练了余永富在选矿领域取得的杰出成就。

"选矿是我唯一的爱好"。虽已是鲐背之年，但在两个多小时的采访中，余永富依然思路清晰，毫无疲态。他在回首往事时多次感慨："国家培养了我们，一定要努力工作，将个人的理想与国家发展融合，为国家建设做出成绩，报答党恩。"

💬 情系白云鄂博

伴随着持续的轰隆声，一列列满载矿石的火车，从位于内蒙古自治区包头市的白云鄂博站有序驶出。

2023 年，白云鄂博火车站共计运送 615.9 万吨铁矿石，同比增长 9.1%。这些矿石原料运往包钢集团［包头钢铁（集团）有限公司］后，被制作成无缝钢管、铁路钢轨、冷轧卷板等产品，之后又通过四通八达的铁路线运往全国各地，广泛应用在铁路、航天、船舶等领域。

虽然远在 1600 多千米外的武汉，余永富却始终惦记着白云鄂博矿，这个世界瞩目的铁、稀土等多元素共生矿。

"白云鄂博有大型多种金属的混合型矿体，稀土储量居世界第一位，铌储量居世界第二位，这些金属元素是国家发展建设亟需的无价之宝，开发利用好这座矿山，意义重大。"余永富说。

时间回到 1962 年，余永富在中国科学院长沙矿冶研究所工作，接到的第一个任务就是参与包钢白云鄂博多金属矿选矿项目。

"白云鄂博矿是世界上最难选的矿之一。"余永富回忆，因白云鄂博矿元素及矿物种类多，矿石结构复杂，矿物嵌布粒度细小，有用矿物和脉石矿物分选性相近，从矿石中分选出优质的铁精矿和高品位稀土精矿难度很大，他努力向老同志学习，查阅文献资料，每天在实验室做大量实验。

1963 年，中国科学院长沙矿冶研究所以回转窑磁化焙烧—弱磁选—浮选回收铁技术、稀土技术参与白云鄂博选矿会战。同时参加会战的还有北京矿冶研究院、北京有色金属研究院、长沙矿冶院、包头稀土研究院等十多个单位，德、日、美、苏联等国专家也受邀参加。

在这场声势浩大的百人大会战中，各个单位都提出了不同的技术方案进行比较、论证，虽然学术氛围热烈，但最终依然以失败告终。"当时我国的选矿技术非常落后，国外的技术也不先进。"余永富说，虽然获得了一些在实验室看起来效果还可以的技术方案，但是一到工业应用上就不行了。

大部分单位都退出了会战。1970 年，没有研究出更好的技术方案，找不到方向的长沙矿冶研究所，也决定退出白云鄂博选矿研究。时隔多年后回忆，余永富依然心存愧疚："白云鄂博的矿产资源对国家经济建设太重要了，因为选矿技术不过关，这些矿石资源不能被国家利用。我是学选矿的，这是我们选矿的科技人员没本事没能力。"

离开包头的 10 年间，余永富参与了许多项目，也取得了一些成果，虽然忙忙碌碌，他却始终忘不了白云鄂博矿，并时刻关注着白云鄂博多金属选矿的实验进展。

1979 年底，从包头传来了好消息：白云鄂博多金属矿选矿新工艺实验取得了突破性进展及优异的技术指标。"听说包头的选矿问题解决了，我高兴的同时也很好奇，白云鄂博矿这么难选，他们是怎么解决的呢？"怀揣着学习的心态，余永富重返包头。

听了第一天的报告，技术指标非常好，是我国从事包头矿多年研究所从未达到的。夜里反复思考，到第二天继续听，他有了疑惑，觉得这个指标很好，但在工业生产中实现难度很大，"若是按照这个方向走下去，10 年、20 年，还是不能产业化，那就害苦了包钢"。

余永富看在眼里，急在心里。经过反复的思考论证，他下定决心，要再度参加白云鄂博选矿攻关。"我一提想法，对方不同意，你之前都退出了，现

▲ 1987 年包钢选矿厂工业试验方案研讨会（左三）

在我们做出了成绩，你再参加有何意义呢？"被拒绝的余永富想出了办法，他提出不要科研经费，最终得到了同意。

第二次参与攻关，机会难得。余永富一遍遍做实验，探索方向："我和团队的同志们一致下决心，要科技创新，一定要研究清楚矿石的结构、构造，矿物嵌布粒度及单体解离程度、表面形态及表面物理化学性质等，研究新装备、新工艺、新药剂。"又经过了 10 多年探索研究，实验室小型试验、扩大连续试验、工业分流试验和工业生产试验均取得了满意的结果。

1992 年，余永富研发的"弱磁—强磁—浮选"生产新工艺，基本解决了困扰包钢钢铁生产近 30 年的氧化矿选矿技术难题，推动了包钢钢铁生产及稀土工业的技术进步。

这项世界领先的选矿新工艺项目，被列入 1992 年全国十大科技成果之一，1993 年获国家科学技术进步奖二等奖，且该工艺沿用至今。

在此之后，余永富又瞄准了新的方向："包钢不是只有铁、稀土，还有铌，这是我国稀缺的一种资源。铌的含量太低，很难选。"针对白云鄂博矿石中第三个储量巨大的共生有用金属铌矿物的选矿回收，他又进行了多年的攻关。

2022 年，余永富 90 岁生日，他拉着奔波千里送来祝福的包钢人的手感慨："新技术、新工艺、新设备是白云鄂博矿选矿试验得以成功的关键，科技创新是值得时时关注的大事。"

攻关强磁选机

年少时，余永富曾经遗憾，在小乡村长大，没见过辽阔的世界，眼界不够宽广，总想着坐着火车，到处看看。

但时至今日，包头白云鄂博铁矿、湖北武钢大冶铁矿、河南舞阳铁矿、福建钟山铜铅锌矿、鞍山铁矿、本钢〔本溪钢铁（集团）有限责任公司〕铁矿、首钢秘鲁铁矿（南美洲）……他的选矿研究足迹已遍布海内外，取得了 10 余项处于世界先进水平的重大成果，被媒体誉为专啃"硬骨头"的"选矿王"。

其中，强磁选机是他啃下的又一块"硬骨头"。

1975 年，作为武钢主要矿石基地的大冶铁矿，生产上遇到难题：混合铁矿石储量很大，达 4000 多万吨，但无法分选，致使铁精矿品位不能提高，既影响了高炉冶炼，又造成了浪费。国内许多科研单位束手无措。

余永富率领团队来到大冶铁矿，在和工人"同吃、同住、同劳动"1 个月后，他找出了大冶铁矿选矿难的症结所在：混合型铁矿石中除有磁铁矿外，还有赤铁矿、菱铁矿等多种矿物，按照原定的选矿方法和选矿设备，铁矿石不能分选。在他看来，要解决大冶铁矿的困境，一定要研发新设备、新技术、新工艺，其中，研发新型强磁选机就是迫在眉睫的事情。

长期以来，我国弱磁性矿石选矿效率非常低，经矿物镜下鉴定查明，大冶混合铁矿中的赤铁矿氧化程度不深，并且赤铁矿和菱铁矿嵌布粒度不太细，所以由长沙矿冶院磁选组苏启林团队研制出一台直径 2 米、磁场强度 6000 ~ 7000Gs 的中等场强湿式磁选机，组成的弱磁 – 强磁选的工艺流程分选就可达到分选要求。在此基础上，终于解决了武钢大冶铁矿石分选疑难问题，为武钢大冶铁矿厂带来了巨大的经济效益。1985 年，该项成果获得国家科学技术进步奖一等奖。

1979 年以后，包钢包头白云鄂博铁、稀土、铌的选矿新工艺中需要高场强的湿式强磁选机。余永富回忆，当时德国研制出一台湿式高强度的强磁选机，冶金部科技司和中国科学院长沙矿冶研究所的相关技术人员一起出国参观学习，"设备很先进，但是买不起"。

买不起只能学着做。经过不断地摸索和试验，长沙矿冶研究所的团队终于仿制做出了一台高场强磁选机，但因为是仿制，一运转，又出了问题，"许多难题，只能一个个解决"。经过数年的试验，特别是对聚磁介质的结构和材质进行了反复的优化改进，新型工业用强磁选机研制成功，并迅速投入工业试验及生产。

在强磁选机取得重大突破的同时，余永富团队还取得了包括新型高效浮选药剂在内的一系列突破。

"科研无止境，一棒接着一棒跑。"余永富回忆，当时强磁选机虽然做出来了，也投入了生产，但还有很多不足。之后，更多研究者加入进来，在这台强磁选机的基础上展开研究，取得了新的突破，"新的强磁选机效果就非常好，比我们在包头的白云鄂博试验时期做得更好，还卖到了海外"。

2024 年初，国家工程师奖表彰大会举行，授予81名个人"国家卓越工程师"称号、50 个团队"国家卓越工程师团队"称号。其中，立环脉动高梯度磁选机发明者熊大和被授予"国家卓越工程师"称号。

从"跟跑"到"并跑"再到"领跑"，时至今日，熊大和研发的系列磁选

▲ 2009 年 10 月，余永福考察澳大利亚芒特艾萨铅锌矿

机产品已出口到美国、俄罗斯、印度等 30 多个国家，实现了超 50% 的国际市场占有率，使我国选矿装备的整体水平跨入世界先进行列。

余永富为这些成绩感到自豪："刚毕业时，我国的选矿工艺、设备和药剂各方面都非常落后。现在我国的选矿技术在全世界名列前茅，磁选机、浮选机等选矿设备出口海外。"

从落后到领先，"逆袭"的原因是什么？他的答案简单直接："需要。"余永富介绍说，中国是世界上为数不多的、矿产资源种类较齐全的国家之一，但共生矿、贫矿多，"矿石质量不高，选矿设备不能光靠买，只能自己开发利用起来，背后做了无数努力"。

💬 掀起提铁降硅的"黑色风暴"

余永富嘴角含笑，言谈中总是带着一股亲切之意。让人很难想象，20 多年前，正是他在国内掀起了一场提铁降硅的"黑色风暴"。

2000 年前后，余永富发现，国内许多钢铁企业愿意花高价钱进口铁矿石，而不买国产铁精矿，致使国产铁精矿销售困难及大量企业停产，一些钢铁公司把自有铁矿山当成包袱，数十万铁矿山职工面临待业或下岗的危险，对社会稳定产生影响。

那是铁矿行业最艰难的日子。鞍钢（鞍钢集团有限公司）弓长岭矿山的一位负责人曾在接受媒体采访时回忆："整个矿山只剩下 200 多名员工，400 多名员工被迫下岗，心里真的特别难受。"

余永富深入调查后发现，国产铁精矿质量低，不仅是含铁品位低，更重要的是二氧化硅含量高，影响高炉炼铁效益。其中，磁铁矿精矿含铁品位 63% ~ 67%，二氧化硅含量高达 7% ~ 10%；氧化铁精矿含铁品位 55% ~ 62%，二氧化硅含量 8% ~ 12%。而巴西和澳大利亚铁矿石含铁品位 63% ~ 67%，二氧化硅含量仅 1.5% ~ 4%。

"如果铁矿石中酸性硅含量过高就必须多加石灰石进行中和，而炼铁高炉的容积却是固定的，炼出的渣子多了，出铁就少，效益就低。"在余永富看来，二氧化硅含量高带来的后果就是在消耗同等能源时，国产铁精矿的产出大大少于进口的，这便是进口矿石在中国市场大受欢迎的最重要原因。

对此，余永富明确提出"提铁降硅"的学术思想，即今后选矿厂的发展方向重点应转向提高铁精矿的质量上，特别是降低铁精矿中的二氧化硅含量，将从前只以含铁品位高低评价铁精矿质量的评价体系改为以铁、硅、铝三种元素含量评价铁精矿质量。

提高铁精矿质量必然会造成铁的回收率下降，增加选矿深选工艺流程和成本，影响选矿厂经济效益，但冶炼效益能得到大大提高。为了让企业提高铁矿山生产高质量铁精矿的积极性，他和团队成员陈雯一起奔走在各大型钢铁公司，先后在鞍钢、本钢、首钢等大型国有钢铁企业宣传。

▲ 2002 年 8 月在弓长岭矿业公司（现鞍钢集团矿业弓长岭有限公司）浮选车间（左二）

在他的倡导下，这一学术思想率先在鞍钢得到实施。鞍钢弓长岭铁矿选矿厂采用阳离子反浮选，将铁精矿含铁品位从 65% 提高到 09% 以上，铁精矿中二氧化硅含量从 8% 降到 4% 左右；齐大山和调军台选矿厂，铁精矿含铁品位从 65% 提高到 67.5% 以上，二氧化硅含量从 8% 降低到 4% 左右。鞍钢所属的其他企业也纷纷实施这一战略。

由于铁精矿质量全面提高，鞍钢炼铁效益大幅提升，这使鞍钢炼铁用铁矿石自给率达到了 80% ~ 90%，过去被鞍钢公司当成包袱的自有铁矿山，即刻为公司带来了巨大的经济收益，自产铁精矿所产生的效益占公司当年总利润的 30% ~ 40%。

数据显示，截至 2012 年年底，"提铁降硅"技术在鞍钢矿业已经累计创效 100 亿元，年创铁前效益 5 亿元以上。

在鞍钢的带动下，首钢、本钢、太钢〔太原钢铁（集团）有限公司〕、莱钢（莱芜钢铁集团有限公司）等钢铁公司和国内其他铁矿山企业纷纷实施"提铁降硅"

战略，国内铁矿山的开发利用产生了繁荣景象，一批铁矿山"起死回生"，并大大提高了钢厂的经济效益。

此后，伴随着我国选矿新工艺、新设备、新的浮选药剂不断创新与发展，国内铁矿石选矿技术取得重大突破，我国铁精矿质量低的历史局面被彻底改变。

家国情怀

在余永富家的客厅里，摆放着各色原矿石：湖北十堰绿松石、山东招远金矿石、辽宁抚顺煤精雕刻、肯尼亚孔雀石、美国盐矿颗粒……一小块在澳大利亚黄金洞参观时购买的原矿石，他也细心地贴上了标签，放进了玻璃柜中。

自 1952 年考入中南矿冶学院选矿专业至今，余永富和选矿研究打交道 70 多年。一生痴迷选矿，他为自己的这个"唯一爱好"编了一段顺口溜：知识是基础，兴趣是动力，勤奋是途径，创新是生命。"做什么事情一定要热爱它，有兴趣，才能做好这件事情。"他说。

为什么喜欢选矿？面对提问，余永富再次将思绪拉回到少年时代。

1951 年，余永富读高二，看了生平第二场电影。故事的主题是苏联地质勘探队员在西伯利亚找水。茫茫大漠，只有明晃晃的太阳，看不见一丝绿色。当看到电影中清亮透明的水咕咚咕咚流出来，老百姓欢呼雀跃的场景时，年轻的余永富觉得勘探队员的工作太奇妙了："沙漠中还能找出水来，他们怎么知道的呀？"

后来他又听人讲，勘探队还能找出金矿，找到铅锌矿，"这工作真的有意思，在国家经济建设中，发挥了重大作用"。

因为选矿对国家有用，所以觉得有意思。对于党和国家，余永富常怀感恩之心。

他在河南南召郊外的一个种菜、卖菜的贫农家庭长大。初中时，由于不能按时交纳学杂费，他屡受学校责备，并且常伴有辍学的危机感，心中惶恐不安。1949年，新中国成立，在家务农的余永富听说南阳市的学校开始招生，并且不需交学费，还提供助学金和餐食，顿时对中国共产党的感激之情无以言表，"心里高兴极了，那真正是歌中唱的：解放区的天是明朗的天，解放区的人民好喜欢……"

由于初中没有读完，底子打得不够扎实，余永富在备考的时候格外努力，夜以继日地将数学公式完整地背了下来，最终才顺利地进入高中学习。因为深知校园生活的来之不易，他更加坚定了决心："要报答党和国家，一定要努力学习，不怕苦不怕累，学到建设国家的本事，才能为国家好好工作，这样才能真正报答党。"

甚至在多年之后，成为老师的余永富也喜欢招收农村的学生，觉得他们更能吃苦耐劳。每次讲课时，总不忘叮嘱同学们：要勤于学习，学习最先进的技术；要怀感恩报国之心，将个人理想与国家发展相融合。

他提醒同学们，一定要多琢磨，"搞科研，不是一天8小时，要时时刻刻都惦记着，吃饭的时候、睡觉的时候，无时无刻不想着"。

在他看来，处处留心皆知识。2002年，余永富在学校硅酸盐实验室参观时了解到，干法水泥发明后使水泥生产成本大幅降低，他认为这个方法用到难选菱铁矿、褐铁矿磁化焙烧也可能有效，只用把炉内的氧化气氛换成还原气氛，焙烧炉结构改成密封系统即可。几年后，他成功研制多级循环流态化磁化焙烧装置，经过全国多地铁矿实验表明，这套装置已获得良好的指标，精矿含铁品位和回收率都显著提高。

最近几年，有几个人的故事深深触动了余永富。一位是扎根大漠60多年，有"敦煌的女儿"美誉的樊锦诗；一位是让患者花小钱治大病，获评全国道

▲ 余永富（前排）与学生们一起讨论

德模范的王争艳。

"有病人来找王争艳，她的脚指头全部都溃烂了，气味难闻，王争艳逐一掰开检查，最后才查出病因。现在许多医生光动口不动手，怎么能对症下药呢？这说明做任何事情都要认真细致，都要不辞辛苦。"余永富感慨。

谈及对青年一代的寄语时，余永富语重心长："要扎扎实实地掌握一门能够为人民服务的技术，脚踏实地将工作做好。"

"我们培养出来的学生，要有感恩之心，要好好为国家服务。每个人都怀揣着这样的信念，不愁我们的国家不能富强起来。"余永富说。

王汉中：

一个油菜梦，一颗为民心

王汉中，1963 年出生于湖南省涟源市，油菜遗传育种学家，中国工程院院士，现任中国工程院农业学部副主任、国家油菜产业技术体系首席科学家、农业农村部油菜指导专家组组长、中国农业科学院油料作物研究所（以下简称"油料所"）油菜遗传育种创新团队首席专家。

他长期从事油菜遗传育种研究，为提高中国双低油菜抗性、含油量和产量水平做出了突出贡献。

他还领衔了中国油菜全产业链绿色高产高效技术模式的创建和示范，在全程机械化绿色生产的基础上使油菜每亩增效 20% 以上，推动了中国油菜向全产业链绿色高产高效发展。

▲ 王汉中院士

▲ 王汉中团队成员在实验室工作

初冬午后，中国农业科学院油料所的一栋玻璃建筑中，一行行青绿的油菜长势茂盛，中间星星点点冒出几簇金黄小花。穿着白大褂的中国工程院院士、油菜遗传育种学家王汉中穿行其中，一边细心查看油菜的生长情况，一边提醒学生们及时采摘油菜薹。

王汉中说，他有一个"油菜梦"，希望通过科技创新，推动油菜成为保障我国"油瓶子"安全的守护者。自16岁从湖南省涟源市考入狮子山下的华中农学院（现华中农业大学）农学专业，师从中国作物遗传育种学家、中国油菜遗传育种学奠基人刘后利教授开始，他的"油菜梦"一做就是40多年。

"保障我国食用油供给安全的关键在油菜。"致力于让"油瓶子"里多装中国油，王汉中不断选育出高油、高产、高抗的油菜新品种，为我国推进油料产能提升、夯实国家粮油安全提供了技术保障。

💬 解决中国"油瓶子"问题，油菜是"最佳选择"

我国是油菜的发源地之一。据可靠的文字记载可以追溯到1500年前的6世纪，当时成书的《齐民要术》中记载了完整的油菜栽培技术。在江汉平原，人们世世代代种植油菜，当地人的记忆中，春天就意味着一望无际的油菜花。

在王汉中的眼中，这种广泛分布在长江流域的油料作物非常神奇：一方面，它是 ω-3 多不饱和脂肪酸（是人类必需脂肪酸，对于大脑的功能发挥至关重要）的重要来源，是孕育中华文化重要的物质基础；另一方面，它是重要的轮作作物，在长江流域和南方地区油菜和水稻轮作，在北方地区油菜和小麦等轮作，可以有效地避免耕地季节性撂荒，促进农民增收；同时，油菜也是盐碱耐受能力最强的主要农作物之一，为开发利用盐碱地、扩大油料的供给，提供了坚实的基础。而据他近年来的研究，油菜具有很强的富集硒的能力，很多品种能够在不富硒的土壤里，生长出达到富硒标准的油菜薹，为居民提供富硒的产品。

"我们越研究，就越觉得油菜对中华民族文化的传承、人民生命健康以及食用油的供给安全，起到了重要的作用。"王汉中说。

强国必先强农，农强方能国强。作为最具发展潜力的油料作物，油菜的重要性在当下越发凸显。2022 年农业农村部提出《油菜产业绿色革命科技行动方案》，计划通过实施油菜科技大会战，10 年内达成国产菜籽油产油量倍增的目标。2023 年中央一号文件再次将"深入推进大豆和油料产能提升工程"放在重要位置。

为什么油料产能提升工程如此重要？"我国主要粮油产业不仅是经济问题，更关乎国家和社会稳定，政治属性越来越强，只能做好，不能有闪失。"王汉中指出，当前我国的植物食用油对外依存度高达 70%，且进口来源地高度集中，供给安全面临巨大风险，容易被"卡脖子"。油菜是我国第一大油料作物，占国产油料作物产油量的半壁江山。油菜也是我国唯一的越冬油料作物，不与主粮争地，在确保主粮绝对安全不动摇的国家战略下，提高油菜单位面积产油量是增强我国油料供给保障能力的重要途径。

"守护'油瓶子'安全，根本出路在于发展油菜生产。"在王汉中看来，

▲ 王汉中介绍"硒高效"油菜

油菜在种植面积上有"二块地"的潜力：第一是超过 1 亿亩的南方冬闲田。油菜不与主要粮食作物争地，它能实现"油稻轮作"，夏天种水稻，冬天种油菜。有研究表明，种了油菜以后，水稻单产可以提高 8% ~ 17%，保证粮油兼丰。第二是盐碱地。禾本科的水稻等须根系作物，根扎得浅，根系分布的土层比较薄，跟盐碱分布土层基本重叠，而油菜是直根系，根系发达，一根主根往地下钻，可以避开盐碱分布的土层，是最耐盐碱的主要农作物之一。统计数据显示，具有农业开发利用潜力的盐碱地大约有 1.5 亿亩。第三是现有的 1.1 亿亩油菜地。

2024 年 7 月，我国首个北亚油料科研平台"北亚油菜大豆科创中心"在内蒙古自治区额尔古纳市正式落成。目前，王汉中团队正在该试验基地开展超 8000 份多样性丰富的特短生育期油菜双单倍体系育种鉴定，相当于常规育种 6400 万个重组株系的育种规模和效率。仅 58 天生育期内，超过 80% 的双单倍体系就进入盛花期，为"北亚油谷"特短生育期油菜育种呈现出美好前景。

"北亚油菜大豆科创中心"致力于开发适合高纬度高海拔地区种植的油菜大豆品种和生产技术，促进北纬 45 度区域，包括我国内蒙古、黑龙江、新疆等部分区域和俄罗斯远东地区油菜大豆产业发展和生态经济提升。王汉中介绍，该中心将从品种选育、大豆—油菜轮作、配套栽培技术、产后加工等方面，全产业链打造北亚健康油谷新品牌和系列产品，为整个北亚地区的油料生产提供技术支撑，对保障我国食用油供给安全具有积极意义。

"如果我们加大油菜产业科技攻关力度，将包括盐碱地在内的'三块地'的科技支撑做到位，就能生产出 3000 万吨左右的菜籽油，再加上大豆和花生单产再进一步提高，中国的'油瓶子'基本上就可以自给自足。"王汉中信心十足。

中国的农业科技工作者通过 60 多年的努力，将油菜单位面积产油量翻了两番，实现了两次绿色革命。未来依然要依靠科技进步，在下一个 30 年实现油菜产业新的绿色革命。

💬 农业科技工作者既要"顶天"又要"立地"

与中国农业科学院油料所科研区相距不远，毗邻沙湖公园的中国农业科学院油料所武昌试验基地内，一垄垄油菜在阳光的照射下显得格外青翠。蝴蝶飞舞，白鹭时而掠过油菜地，组成了一副难得的冬日胜景。

几乎每个在武汉的日子，王汉中都会到这片油菜地转一转，看看油菜的长势。"每隔两行，就是一种后备品系。"他不无自豪地说，包括阳逻的油菜培育基地在内，团队每年都要培育上万个油菜新品系，"每个'后备品系'的目标都很明确，即超越现在最好的品系，产量更高、含油量更高、适应性更好、抗性更强。"

"现在最好的品种"指的是"中油杂 501"。2023 年 6 月，经专家现场测产，江苏盐城东台市盐碱地 200 亩连片种植的"中油杂 501"机收实产达 323.87 千克/亩，亩产油量约 163.17 千克，比当地油菜平均单产增加 59.5%，油量增加 82.7%。继在湖北襄阳刷新长江流域油菜籽高产纪录后，"中油杂 501"再次创下盐碱地油菜高产新纪录。

"中油杂 501"由王汉中率团队历时 10 年攻关，在数万份品系中优选亲本组配而成，具有耐密植、高产、高油、抗病、抗倒、适合机械化收获等众多优点，每亩地种植油菜植株数量从 1.5 万株提高到 3 万株，堪称"十优宝宝"，目前已在长江流域广泛种植。

2023 年 10 月在成都举行的第三届全国农业科技成果转化大会上，一份转让金额达 3300 万元的油菜新品种专利转让协议吸引眼球。此次转让的正是一次次创造纪录的"中油杂 501"。

包括"中油杂 501"、获得国家科学技术进步奖二等奖的"中双 9 号"、获得国家技术发明奖二等奖的"中双 11 号"等在内，多年来，王汉中主持选育出一批又一批优质油菜新品种，为提高我国双低油菜抗性、含油量、产量和品质水平做出了突出贡献。"科研的目的就是把现有的东西打败。"他直言不讳。

仅在最近几年，他就率团队采用分子标记辅助、聚合杂交、规模化小孢子培养等技术，实现了油菜育种的"定向培养"，创制出高产油骨干亲本 35 个，高含油量、高产、双低、多抗、广适油菜新品种 45 个，其育成品种已在我国油菜主产区累计示范推广 2.5 亿亩以上。

"农业科技工作者，既要'顶天'又要'立地'。"这是王汉中常说的一句

▲ 王汉中（左）和工作人员在油菜育种试验田

话。作为国家油菜产业技术体系首席科学家、农业农村部油菜指导专家组组长、中国农业科学院油料所油菜遗传育种创新团队首席专家，为油菜产业做出杰出贡献的王汉中于 2011 年入选农业部首批农业科研杰出人才。

他解释说，"顶天"是对油菜科学规律的认识，通过理论创新、原理创新，来突破技术的天花板，"立地"则是产业贡献，"农业科技必须是'顶天'和'立地'相结合，将理论创新、技术突破、产品的创制和产业的发展、市场化应用紧密地结合在一起"。

2017 年至今，王汉中率团队重点在两个方向发力，一个是食用油供给安全，另一个便是"硒高效"油菜。他希望通过突破关键核心技术，发掘油菜产业绿色革命潜力，将油菜单位面积产油量再次实现翻番，同时，利用油菜的"硒高效"现象，在不依赖土地、环境的条件下大规模、高效地人工合成甲基硒代半胱氨酸。

"为国家安全服务，为人民健康服务，这是农业科技工作者的使命，也是我们的发力方向。"王汉中说。

在他看来，农业科研的创新，应该建立起全新的创新模式，即"使命牵引、稳定支持、链式布局、团队攻关和贡献评价"，"围绕产业链布局创新链、配置资源链，通过从理论、技术、产品到成果转化的链式创新，才能实现农业科研的既'顶天'又'立地'"。

科技创新，一靠投入，二靠人才。"农业科技的发展，需要一代又一代科技工作者前赴后继的努力。"王汉中高度重视人才引进、培养和使用，注重学科建设和团队建设，努力为科技人员创造施展才华的平台和条件。在他看来，农业科技要吸引年轻人，在加强爱国主义教育的同时，更要建立新赛道、开辟新领域，让年轻人有更多施展才能的空间。

关于人才培养，王汉中分享了一个有趣的小故事：科研人员在小笼子里饲养小白鼠，它会顺着小笼子的边缘不停地跑。约 40 天后，当小白鼠被放到没有任何限制的自由空间时，它还是会习惯性地按之前小笼子的半径转圈跑，既不会停下来观察一下新环境、新机会，更不会乘机逃跑。王汉中将这种现象称为"小白鼠效应"。"年轻人无论从事哪一行，都必须强化自主创新的意识，让自己的笼子变得大一些、更大一些，甚至不受笼子的束缚。"在王汉中看来，年轻科技工作者要有效打破思维的牢笼，就一定要深刻理解和遵循习近平总书记"四个面向"重要论断的内涵和要求，"只有坚持面向世界科技前沿、面向经济主战场、面向国家重大需求、面向人民生命健康，直面问题、迎难而上，踏踏实实从事科技创新，我们才会有自己的未来。"

育成全球首个"硒高效"油菜新品种

硒高效油菜是王汉中近年来关注的重点之一。

"这里的油菜已不只是油菜，它是生物反应器。"王汉中指着一株开满黄色花朵的油菜介绍，依托特殊改良的基因型油菜，通过设施化、标准化栽培，加上特殊的营养液，就能用油菜来合成人类所稀缺的甲基硒代半胱氨酸——一种抗癌效果最优、增精活性最高的硒形态。

这也是全球首个硒高效油菜培育基地。"硒高效"是王汉中率领的中国农业科学院油料所油菜遗传育种创新团队首次提出并定义的概念，指在非富硒土壤中，种出达到富硒标准（即每千克鲜样含硒 0.01 毫克以上，也就是 10 微克以上）的农作物。近年来，团队依托所发掘的优异种质资源，利用聚合杂交、小孢子培育、分子标记辅助选择等现代育种手段，相继成功育成全球首个"硒高效"蔬菜杂交种"硒滋圆 1 号"和具有更强富集功能、更早薹、更美味的油菜新品种"硒滋圆 2 号"。

硒是人体生命活动中不可或缺的微量元素，被誉为"生命的火种""心脏的守护神"。当前我国居民硒日摄入量仅为 26 ~ 32 微克，远低于中国营养学会推荐的每日 60 ~ 400 微克标准，而富含有机硒的绿色富硒产品是人体补硒主要来源。

目前国际上推广的富硒蔬菜和富硒谷物有两种来源：一是利用富硒土壤种植，二是在种植过程中人工施加外源硒。然而，我国绿色富硒土地仅占耕地面积的 3.5% 左右，施加外源硒则容易造成二次污染。而王汉中团队率先发现了油菜的"硒高效"现象，并提出"硒高效"概念。采用"硒高效"油菜品种可在非富硒土壤中自然培育富硒蔬菜，有效解决富硒耕地稀缺和硒肥二次污染的痛点，成为大众便捷获得有机硒的一个新途径。

"硒高效"现象的发现和"硒高效"概念的提出，源于中国工程院院士、华中农业大学教授傅廷栋的一次报告。2017 年，傅廷栋在内蒙古做报告时谈到：一家养殖场利用油菜制作青贮饲料，种公牛的饲喂效果非常明显，精液总量增加了 40%，效益大幅提升。"既没有提高价格，又没有扩大规模，为什么效益会提升？"听完报告的王汉中受到启发，并就此开辟了一个全新的研究领域。

团队通过对 300 多份油菜薹与 9 种常见的蔬菜（每种蔬菜 4 ~ 6 个品系）的全营养品质进行比较，发现油菜薹在硒元素上具有特殊的富集功能，其硒含量显著高于其他测定蔬菜。每千克蔬菜含硒量在 0.01 ~ 0.1 毫克被视为富硒蔬菜，在不添加外源硒的非富硒土壤中每千克油菜薹含硒量在 0.009 ~ 0.074 毫克，表明油菜品种硒含量改良潜力巨大。

"这是一项具有颠覆性的技术，在国内和国际都是首创。"专注油菜遗传育种研究 40 余年，主持育成一批创造高产、高含油量纪录的优质油菜新品种，王汉中依然为"硒高效"油菜取得的每一个进展欣喜，"从现象的发现、概念的提出到产品的创制，每一步都是创新。"

在王汉中看来，"硒高效"油菜至少有 5 个"首创"：首次发现了植物的"硒高效"现象；首次提出了"硒高效"的概念；首次育成"硒高效"农作物

▲ 王汉中在油菜田

新品种；首次生物合成植物源甲基硒代半胱氨酸；首次通过规模化、标准化、设施化的现代化生产方式，来生物合成甲基硒代半胱氨酸，"一亩设施合成的甲基硒代半胱氨酸，相当于普通大田的 6000 倍"。

油菜同时也是我国种植的第一大油料作物，菜籽油产量占国产油料作物产油量的一半以上。王汉中告诉记者，过去 60 多年，我国油菜的发展经历了 3 次变革：20 世纪 60 年代到 90 年代甘蓝型油菜替代白菜型油菜，油菜的亩产量实现翻番；20 世纪 90 年代到现在，多抗、杂优油菜的大面积应用，油菜的亩产量再次翻番；菜籽油经过几代科学家接续奋斗，从高芥酸菜籽油蝶变为低芥酸菜籽油，成为脂肪酸组成最合理、最健康的大宗食用油。

在他看来，发现油菜的"硒高效"现象，是中国油菜发展史上的"又一次革命性、颠覆性的发现"，开发一系列的"硒高效"蔬菜品种的同时，又可以通过设施化、规模化、标准化的栽培方式，在不依赖土地和环境的情况下大规模、高效地合成人类稀缺的甲基硒代半胱氨酸，满足大众对健康营养的需求。

"植物源甲基硒代半胱氨酸生物合成技术填补了目前国际、国内市场上有机甲基硒代半胱氨酸的空白，具有巨大的全球化、商业化的价值。"王汉中建议，研、学、产结合，通过原创性、颠覆性技术的持续攻关，开辟珍稀营养素生物合成产业新赛道，加快推进植物源甲基硒代半胱氨酸产业的发展，让中国造植物源甲基硒代半胱氨酸遍布全国、走向世界。

"农民要增收，产业要增效，光立足于国内市场是远远不够的，一定要通过科技创新和模式创新，在服务全世界人民的同时，不断开拓全球市场，产业效益才可能提升。"王汉中说。

刘经南：

北斗耀苍穹

刘经南，湖南长沙人，1943 年 7 月出生于重庆市，中国工程院院士，武汉大学教授、博士生导师。曾任武汉大学校长和昆山杜克大学校长、国家"973 计划"顾问组专家。现任国家卫星定位系统工程技术研究中心主任。

他长期从事大地测量理论及应用研究与教学工作，在大地测量坐标系理论、北斗卫星导航定位技术和重大工程应用等方面做了一系列开创性工作，特别是在全球卫星导航系统（global navigation satellite system，GNSS）技术应用和工程领域成就显著，是我国该领域的学科带头人和我国卫星导航定位工程应用领域的开拓者。先后多次获得国家科学技术进步奖，获全国先进科技工作者等荣誉称号。2019 年获湖北省最高级别科技奖项——湖北省科学技术突出贡献奖。

在理论研究方面，他建立了系统的卫星导航定位理论与技术体系，研制了具有国际影响力的卫星导航定位数据处理与分析软件，在我国卫星导航定位领域实现了多个"第一"。

在工程应用方面，他负责研制的世界上第一个完全无人值守连续自动运行的大坝 GPS 自动监测系统，为 1998 年长江抗洪科学决策提供了技术支撑。

在产学研方面，他带领团队研发了湖北首颗具有自主知识产权的北斗多模多频高精度芯片，也是中国首颗 40 纳米消费类北斗导航定位芯片，并在此基础上继续设计模块、板卡、高精度接收机及基准站网应用平台。

▲ 刘经南院士

"任何一项已知技术，要卡是卡不住的，最多就是时间问题。"2024 年 3 月 4 日，在十四届全国人大二次会议新闻发布会上，大会发言人娄勤俭谈及高水平科技自立自强时举了中国北斗卫星导航系统的例子，称只要坚持自立自强就没有攻克不了的难关。

看到这则新闻后，中国工程院院士、国家卫星定位系统工程技术研究中心主任刘经南将其转发给刚刚采访过他的一位记者。他感慨说："北斗的建设和发展，是我国科技自立自强的生动实践。"

作为服务三代北斗卫星导航系统建设的一分子，81 岁的刘经南见证了中国北斗系统从"跟跑"到"并跑"，再到部分"领跑"的"逆袭之路"。"现在，全球四大卫星导航系统中，北斗的功能最多、精度最高，是当之无愧的世界一流。"刘经南自豪地说道。

💬 "越是奇妙的东西，我越喜欢"

刘经南是我国卫星导航技术领域学科带头人，同时也是我国卫星导航定位工程应用领域开拓者。自 1962 年考入武汉测绘学院就读天文大地测量专业至今，他和导航系统打了大半辈子交道，并将其概括为"机缘巧合、缘分"。

幼年时期，刘经南曾随家人在武汉居住过一段时间，那时住在一栋江边的小楼，楼前有个院子，在夏天的夜晚，家家户户都会在院子里摆上竹床。时隔多年，他还清晰地记得躺在竹床上看星星时的场景，"奶奶喜欢对着天空讲牛郎织女的故事，她指着天上的星星说：'这颗是牛郎星，那颗是织女星。'当时我就觉得奇妙，对星空产生了无尽的遐想"。

刘经南的少年时期是在湖南省长沙市明德中学度过的。在这座有着"院士摇篮"之称的百年名校里，他阅读了大量关于天文的科普杂志，对天文和星空的兴趣越来越强烈，"越是奇妙的东西，我越喜欢"。

创办于1903年的明德中学，是湖南省早期的近代新式中学堂，因1904年黄兴等人在校内创立华兴会，又被称为"辛亥革命的策源地"。"明德是我心之所向。"因为数学成绩不够理想，刘经南考了两次才如愿进入明德中学学习。令他至今难忘的，是课堂上老师们讲述的革命志士救亡图存的故事，"给了我很大的激励，也在潜移默化中，激发了我强烈的爱国之情"。

除家国情怀外，刘经南还在明德中学收获了一项珍贵的能力。因为喜欢看书，他申请成为明德中学义务图书管理员。整个中学时代，他都没有告别"馆员"这个兼职身份。"科学就是分类。"他认为，这段经历培养了自己快速获取信息的能力，在千头万绪的科研工作中思路明确、条理清晰。

也正是在这一时期，国际社会发生了一系列激动人心的大事：科学家克里克和沃森宣布发现了生命的奥秘——DNA双螺旋结构，杨振宁、李政道因发现弱相互作用下宇称不守恒定律共享诺贝尔奖，苏联发射了世界上第一颗人造卫星……这些事件都影响了他的爱好，除天文外，他喜欢上了生物，还萌生了强烈的诺贝尔奖情结。

因为觉得"生物千变万化，是最有挑战的学科"，高中成绩优秀的刘经南希望考入北京大学生物类专业，但由于历史原因，他第一志愿落榜，后被武汉测绘学院录取，就读天文大地测量专业。

入学后，刘经南一度想过退学，来年再考一次。"天文大地测量和我想象中的天文相差太远，不是研究天体的变化，而是天体的观测，觉得太简单了，不够'高大上'。"但老师和家人都劝他坚持下去。大二时，他接触了更多测绘专业基础课，越学越深的过程中，发现这个专业也有很多探索性和挑战性领域，于是渐渐对本专业产生兴趣。

因为诺贝尔奖情结，在校读书的几年里刘经南一直琢磨着测绘如何能得

▲ 刘经南工作中

诺贝尔奖："我想到了学习引力场，引力场一直是我们专业的主课，如果能证明引力是个波，那就有可能得诺贝尔奖！地球是一个球体，靠相互对抗的离心力和引力形成现在的形状，引力场是我们很重要的一门基础课程。"

多年后，刘经南成了老师，他喜欢在课堂上和学生们讲科学家攻坚克难的故事，还带着学生们研究星体，看哈勃天体理论。他讲道，宇宙是膨胀的，如果能把膨胀的速度或是加速膨胀、减速膨胀研究清楚，也可能会得诺贝尔奖。再后来他成了博士生导师，就对学生说哪些研究方向有机会得诺贝尔奖，并鼓励学生开展这一领域的研究。

2011 年，诺贝尔物理学奖颁发给 3 位来自美国和澳大利亚的科学家，以表彰他们"通过超新星发现宇宙加速膨胀"，这正是验证了刘经南的判断。2014 年，在昆山工作的刘经南接到了学生和秘书的电话，"您讲的生物导航系统真的得奖了"。

诺贝尔奖情结于他而言，是一辈子的影响，刘经南说："现在我知道自己是得不了了，但希望我们这个学科，有更多的中国人能够得到诺贝尔奖。"

💬 "每一个洞都要打透"

"每一个洞都要打透。"刘经南常说，做学问，需要锲而不舍的精神，不能盲目追赶热门方向，"洞打得很多，但没有一个洞打得深，在全球科研竞争中难以留下自己的痕迹。"

全球卫星导航系统是他打得最深的一个洞。

时间回到 20 世纪 90 年代初，GPS 技术在国际上迅速兴起。GPS 是世界上第一套覆盖全球的卫星导航系统，由美国政府于 20 世纪 70 年代开始研制，1994 年全面建成，包含绕地球运行的 24 颗卫星。

我国是 GPS 应用大国，但经常被美国限制使用，信号随时可能会被干扰。

"我们常常被故意降低精度。"刘经南说，"当时使用 GPS 的精度为 80～100 米，使用价值不高。"如何对抗美国政府的技术限制，使 GPS 技术的市场潜力和经济效益充分发挥出来，成为当时国际性的热门研究课题，刘经南也投身其中，成为国内最早开始 GPS 研究的专家学者之一。

当时，确定卫星在天空中的轨道位置是最复杂、最尖端的前沿问题，研究的人很多；用于飞机、火箭上的卫星定位方法，也是热点问题。他却没有跟风，选择了并不尖端但与国民经济密切相关的学术领域——卫星定位，并进行了持续不断的探究。

"如果我认准了一个东西，有再大的困难，我都要坚持着、周旋着找到解决问题的方法。最困难的时候我就挺一下，往往就是坚持了这么一下，问题就会得到解决。"在长达 10 多年的时间里，刘经南潜心研究 GPS 系统，这期

▲ 刘经南（右三）向国家 GPS 中心验收专家介绍产品

间一直没有转移方向，最终在此领域树立了一个"学术高地"。

刘经南结合中国实际，率先提出建立广域差分 GPS 系统以对抗美国政府技术限制的思路，并制定建设中国广域差分 GPS 系统的初步方案。差分 GPS 是一种用于局部区域改进导航精度的技术，可分局域差分 GPS 和广域差分 GPS 两个类型。其中，后者指的是在较大范围内提供精度一致的差分 GPS 服务系统，它可提高 GPS 定位的精度。

广域差分的概念由 GPS 系统总设计师最先提出，刘经南是在国内最早将其工程化的人。他回忆，看到广域差分的相关报道后，他借到北京出差的机会，特地到图书馆去查找资料，"因为感兴趣，就更为敏感一些"。

1995 年，由刘经南主持的国家项目"广域差分 GPS 技术及其应用"研究取得了技术突破。他和团队陆续在北京、广州、武汉以及南海西沙群岛等地开启国内最早的广域差分 GPS 试验，在 1000 ～ 2000 千米区域内，实时定位精度可达到 3 ～ 5 米，这一结果，引得国内外专家惊叹。

之后，刘经南受武汉市公安局委托，开始了一项通过广域差分 GPS 系统管理警用车辆的研究项目。"最初用 GPS 做定位，因为信号不准确，汽车一会在长江边跑，一会在长江里跑，一会又跑到屋顶上了。修正之后，车子定位的精度比较准确，误差在 5 米之内。"在此基础上，刘经南和团队推出电子地图，这也是国内最早的电子地图产品，"在电子地图上，可以同步看见车辆行走的轨迹。怎么跑？怎么转圈？怎么拐弯？非常精准，很多人来学习。"

以电子地图为代表，刘经南在 GPS 应用领域开创了许多第一。他主持研制出我国第一个 GPS 商品化软件——GPS 卫星定位数据处理综合软件，石油、矿山等领域的数百家单位选用了这款软件，占据了 80% 以上的市场，并作为专有技术出口海外。2002 年，该成果获国家科学技术进步奖二等奖。

这只是一个开始。在软件的研制过程中，他还创造性地提出了一整

▲ 刘经南相关科研成果在支持北斗系统建设和领域应用中获得 5 项国家科学技术进步奖

套 GPS 三维地心坐标向量至高斯二维坐标转换理论，在国际上率先提出化 GPS 网三维平差为二维平差的理论和方法。

他负责了我国第一个 GPS 永久跟踪站（武汉）的建立、长年运行和维护，提出了一套永久站的技术标准。这一跟踪站是我国最早的全球卫星地球动力学服务站之一，现已成为我国和国际上一个重要的地学数据采集、分析基地。

或许是刘经南在卫星大地测量与 GPS 技术上的建树太过丰富，家乡长沙的报纸将他誉为"中国 GPS 之父"。但对这一称呼，刘经南并不认同。他说，自己是搞科学研究的，在 GPS 系统的研究中，虽然做出了一些成绩，但万万不可夸张。

从"中国的北斗"到"世界的北斗"

一颗颗卫星静静地环绕着一个蔚蓝的地球，每次走进办公室，刘经南都会看一眼窗边摆放的那个巨大的北斗系统组网模型，这是武汉大学卫星导航定位技术研究中心一群硕士毕业生送给老师的礼物。

从 1994 年"北斗一号"启动，到 2012 年"北斗二号"亚太组网，再到 2020 年"北斗三号"服务全球，26 年"接力式"的组网攻关路，刘经南全程参与。

因为较早开始 GPS 研究并取得了一系列的成就，刘经南受邀成为最早参与北斗设计、研讨的科学家之一。1995 年，"北斗一号"还在设计阶段，他提出建议：基于"北斗一号"的双向通信功能，中国应建立自主可控的广域差分增强试用系统。专家组接受了这个建议，在"北斗一号"实现了广域差分功能，并一直保留到"北斗三号"。

2012 年，我国北斗卫星导航系统正式为亚太地区提供服务，如何实现北斗系统高精度服务能力是亟待解决的问题。刘经南率团队提出建设国家地基增强系统的创新方案，并在湖北省建立国内首个省级区域的北斗地基增强示范系统。目前，自主高精度卫星导航增强服务系统，已在全国范围形成了分米级、重点区域厘米级的定位服务能力，打破了国外垄断。

"北斗三号"的设计研发，刘经南团队也是全面参与，其在卫星高精度数据处理关键技术上世界排名前三位。在讨论"北斗三号"系统过程中，大家对其是否搭载搜救功能曾有争论。因为国际上的搜救卫星通常是脱离于导航卫星的另外一套独立通信系统，即使是 GPS 也没有搜救功能。刘经南则与几位院士坚持，"北斗三号"一定要有搜救系统，一定要让短报文功能实现全球覆盖。而这一功能也完全填补了其他卫星导航系统中的空白。

2020 年 6 月 23 日 9 时，伴随着西昌卫星发射中心发射场"轰"的一声巨响，北斗系统的第五十五颗卫星成功发射升空。这也意味着由我国自主研发、武汉大学参与攻关的北斗卫星导航系统正式组网成功。同一时刻，1000 多千米外的武汉大学卫星导航定位技术研究中心内，掌声雷动。

"这是北斗系统中最后一颗收官之星，也是一颗地球静止轨道卫星，在距离地面约 3.6 万千米的赤道上空，与地球一起转动，24 小时转 1 圈。"时隔数年后回顾这次发射，刘经南仍然难掩激动，他感慨一段漫长旅程后，中国人独立建造出一个属于自己的全球卫星导航系统，"靠别人'掌舵行船'"的日子，

▲ 2013 年 5 月刘经南（右）向孙家栋院士介绍武汉大学 GNSS 研究中心成果

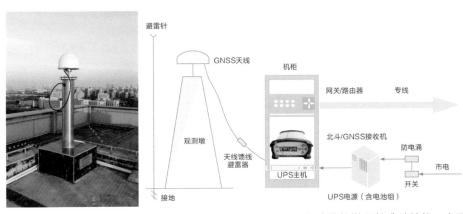

避雷针
GNSS天线
机柜
网关/路由器　专线
观测墩
天线馈线
避雷器
北斗/GNSS接收机　防电涌
UPS主机
市电
接地
开关
UPS电源（含电池组）

▲ 北斗地基增强基准站结构示意图

一去不复返。

"独立建造"四个字背后，是数不清的挑战和困难、突破和创新。刘经南回忆，2007 年 4 月 17 日，是北斗卫星申报频率的最后期限，如果逾期就会作废。然而，"北斗二号"首颗卫星在发射前突发故障，经过 72 小时的抢修，终于，在距申报频率失败仅剩 4 小时的时候，卫星信号从 2 万千米外的太空传回来。当时，他在德国出席学术会议，听到信号传回来的消息后，才放下了悬着的心，接待他的德国科学家也连连恭喜。"中国人搞北斗系统，每发射一颗星，国际社会都是高度关注的。"他说。

2013 年 7 月，习近平总书记考察武汉。在光谷展示中心，刘经南向总书记介绍了北斗导航的高精度应用，原本初定 4 分钟的内容，他讲了 10 多分钟。习近平总书记听完打了一个比喻说，这是用自己的碗装自己种出的粮食。刘经南事后反复琢磨这个比喻，"这就是告诉我们，作为一个大国，一定要有引领性、原创性的科技，我们一定要有自己的本事和撒手锏"。

"中国的北斗是一流的北斗，也是世界的北斗。"在刘经南看来，在全球四大导航卫星系统中，北斗是精度最高、功能最多的卫星导航系统，也是目前全球唯一在一个体系下，同时提供标准服务、天基广域增强、天基精密单点增强，以及地基增强定位、导航、授时（PNT）服务的导航系统。

2021年，在北斗完成全球组网的1年之后，刘经南率团队在全球50多个区域测试发现，北斗的标准服务精度保持在5米之下，最高达到3.9米，远超GPS10米左右的定位精度，"这一结果引起了全球的关注"。

最近两年，通过建设卫星导航的天基、地基增强系统，北斗的定位精度可以达到分米级、厘米级甚至毫米级，GPS的定位精度也大幅提升。"你追我赶。过去几十年，我们起步晚，一直是一个追赶的过程，而现在，我们已经与世界'并跑'，在某些方面，也在被别人追赶。"刘经南说。

从"跟跑""并跑"到部分"领跑"，对于中国北斗的成功逆袭，刘经南将其归功于"自主创新、开放融合、万众一心、追求卓越"的新时代北斗精神，"集中力量办大事，万众一心搞创新，从'卡脖子'到'卡也卡不住'，北斗的诞生过程，是我国科技自立自强的最好诠释"。

💬 对"一流北斗"的追求永无止境

"'5G+北斗'不仅是赋能技术和行业时空智能的基础设施，也是数字经济时代不可或缺的基础设施。"2020年至今，中国5G+工业互联网大会"5G+北斗"专题论坛连续在武汉光谷举行，每年刘经南都会准时出现在会场。

时空智能是刘经南近年来最关注的话题之一。就在前不久，他在《人民日报》发表文章，谈论时空智能如何助力智慧交通。在他看来，为新型交通基础设施提供时空位置服务的时空智能，包括定位、导航和授时，能够精准、智能感知和理解时空信息，更好满足人们生活和出行的多种时空位置需求。

时空智能是个新鲜名词，却不是新鲜事物。《周易》中说："观乎天文，以察时变；观乎人文，以化成天下。"意思是观察天象，可以感知地球中时节的

▲ 刘经南在北斗规模应用国际峰会上做报告

变化；观察社会人文现象，就可以用教化改造成就天下的人。在刘经南看来，这正体现出人类的时空认知活动对人类文明进化的作用，"习近平总书记提到'人与自然是生命共同体'，对应的就是'观乎天文，以察时变'"。

刘经南说，生物都有感知时空智能的能力，比如鸟类能够感知地球磁场和太阳偏振光，从而确定自己的位置、方向和时间，以便在不同季节迁徙到合适的地方，比如新冠肺炎病毒能够敏感地感知人体中的蛋白质因子，并一步步从肺部扩散到肠道、肾脏，最终在人体中卷起一股"夺命"风暴。

时空智能也是人类智慧的生动体现。在古代中国，人们通过观察太阳、月亮、星星等天体的运行，创立了二十四节气等时间划分和度量方法，为农业生产、节令变化、日常生活提供指导。人类还发明了很多时空感知的工具和技术，如指南针、日晷天文测时仪、陀螺仪和加速度计等，为远航、探险、

▲ 刘经南为本科生上课

商贸等活动确定方向和位置。

在刘经南看来，以北斗系统为代表的全球卫星导航系统，正是全球性时空信息的重要基础设施，极大提高了人类的时空智能效率和准确度。以北斗系统为例，它利用规律运行的导航卫星星座，替代自然界的北斗星座，以卫星发射的无线电信号替代星星发出的光信号，构建出精准的空间和时间坐标基准。相比古人观星常常受到天气的影响，北斗系统提供的这种时空位置服务能力是全球性、全天候、全天时的。此外，北斗还提供通信服务，不仅能满足用户群体间的信息互联，还可实现时空位置互联，使信息交流更便捷、精准。

从夜观"北斗"到建用"北斗"，从仰望星空到经纬时空，新时代的中国北斗助力构建人类命运共同体。2022 年 11 月，国务院新闻办公室发布《新时代的中国北斗》白皮书指出，中国将坚定不移走自主创新之路，以下一代北斗系统为核心，建设更加泛在、更加融合、更加智能的综合时空体系，书写人类时空文明新篇章。

"更加泛在指的是无处不在、无时不在，现在还不行，必须拿出解决办法来，光靠北斗系统不够，还需要有更加融合的技术，能够进入深海、深地、深空，甚至进入深网的技术。"刘经南说。

他总结道，从更长远来看，以北斗为核心的综合时空体系应该大力向深海、深地、深空、深网等新领域迈进。以深空为例，北斗卫星可在距离地球 2 万～ 3.6 万千米的太空中为全球用户提供全天候、全天时的时空位置服务，"而美国已经提升到 20 万千米，这是我们的下一个目标"。

"未来不是别人'卡'不'卡'我们，而是我们的自主创新能力够不够强，速度够不够快。"目前刘经南率团队正在加紧攻关，预计未来 3～5 年会有新的突破，"只有解决了'四深'的难题，才有可能建成更加泛在、更加融合、更加智能的综合时空体系。"

虽然已是耄耋之年，刘经南依然每天准时到办公室工作，办公桌上的各种学术资料堆积成山，为武汉大学新生开的测绘学概论这门基础课，他也坚持了 20 多年。不仅如此，在科研和教学间隙，他还积极参与国内外各种讲座和学术论坛。"人老了，思想还没有老。"他笑着说。

"为什么这么拼？"面对记者的提问，他回忆起孩童时期，爷爷教他背诵"故天将降大任于是人也，必先苦其心志，劳其筋骨"时的场景："他总是希望，我将来能为国家干点大事。"

刘经南鼓励年轻人"正心、修身、齐家、治国、平天下"，其中，"正心"被放在了第一位。"科学，就是为人民服务。"他希望，未来无所不在、无时不在的时空智能服务，能够激发多行业、多领域的融合创新应用。

潘　垣：

"造太阳"的人

潘垣，江苏省扬州市人，1933年出生于湖北省宜昌市。磁约束核聚变专家，高功率脉冲电磁技术专家，中国核聚变和大型脉冲电源技术的主要开拓者，1997年当选为中国工程院院士。

他主持和参与包括"中国环流器一号"在内的3套聚变装置的研制和1套聚变装置的升级改造，其中"中国环流器一号"是中国第一套重大科技基础设施。他提出并指导了"脉冲强磁场国家重大科技基础设施"建设。

他1955年毕业于华中工学院（现华中科技大学）电力系，先后在武汉电管局中心试验所、北京二机部401所（中国原子能研究所）、核工业部585所和中国科学院等离子体物理所工作，并曾赴欧洲联合托卡马克JET（joint european torus，欧洲联合环形装置）实验室和美国德克萨斯大学（奥斯汀）聚变研究所工作。1998 年至今任华中科技大学教授、电气与电子工程学院名誉院长，并兼国际热核实验反应堆（ITER）中国专家委员会委员和惯性约束聚变点火装置（ICFIF）国家重大专项专家委员会委员等职。曾获国家科学技术进步奖一等奖 2 项，中国科学院和核工业部科技进步一、二等奖多项。

▲ 潘垣院士

▲ 潘垣（左）在讲解 300 千安培脉冲等离子体电流电源系统的技术方案（摄于 20 世纪 70 年代）

"夸父与日逐走，入日。"中国志怪古籍《山海经》中，有一则夸父奋力追赶太阳、长眠虞渊的故事，并由此引申出"夸父逐日"这个大家耳熟能详的成语，比喻人类追求自然伟力的浪漫情怀和壮志雄心。

从 20 世纪 70 年代至今，作为我国最早一批从事核聚变研究的科研人员之一，中国工程院院士、华中科技大学教授潘垣以国家需求为导向，追逐"人造太阳"，探索终极能源，上演了新时代的"夸父逐日"。

直面"世界最难"，矢志"追日"

万物生长靠太阳。从煤、石油、天然气，到风能、生物能，今天支撑人类社会运转的几乎一切能源，其本质都是太阳能，而太阳的能量来自其内部无时无刻不在发生的核聚变反应。

恰如儿歌《种太阳》中所唱，"我有一个美丽的愿望，长大以后能播种太阳，播种一颗一颗就够了，会结出许多的许多的太阳"，长久以来，全球科学家们也一直希望通过可控核聚变反应来创造出"人造太阳"，从而获得源源不绝的清洁能源。

在潘垣看来，"人造太阳"是世界上最难的科学研究。他在接受媒体采访时介绍，太阳核聚变的发生离不开巨大的太阳引力，高温高压条件下，充斥在太阳内部的氢原子核外电子摆脱束缚，其中两个原子核互相吸引、碰撞，进而发生聚变反应。然而，地球引力仅仅是太阳的 1 / 33 万，要在地球上将超高温等离子体约束起来，实现可控核聚变，难度堪比"夸父逐日"。

2024 年 5 月，第八个"全国科技工作者日"到来之际，中国科学技术协会推出聚焦国家重大科技基础设施系列片《打开宇宙之门》，从我国 77 个重大科技基础设施中精挑细选了 10 种装置进行介绍，第一个就是"人造太阳"，由此可见其难度和重要性。

直面"世界最难"，潘垣的"追日之旅"旷日持久。

时间回到 20 世纪 50 年代，在武汉电管局中心试验所工作的潘垣被选调进入北京二机部 401 所工作，在钱三强等老一代科学家的影响下，开始了磁约束核聚变的研究。他先后参与了我国最早的两套核聚变实验装置的研制，并作为

▲ 潘垣（前排右一）与 401 所部分同事合影

主要负责人完成了小型核聚变装置"小龙Ⅱ""凌云"等的设计研制。

1969 年，由于单位调整，潘垣由 401 所调入位于四川乐山的核工业部 585 所（现为核工业西南物理研究院）。在这里，他参与主持了人生中第一座也是中国第一座磁约束核聚变大科学工程装置——"中国环流器一号"（代号"451 装置工程"，即第四个"五年计划"的第一个项目）。

作为我国自主设计建造的第一座中型托卡马克实验装置，"中国环流器一号"建造工程启动之初，参考资料和相关的设备机器都极为缺乏，工程设计人员手里仅有介绍苏联相关装置概况的 4 页文章，至于装置中的每个部件要如何设计、安装和调试，都需要一点点摸索琢磨。

潘垣至今还保存着一张 1975 年完成的手稿，两米多长，上面密密麻麻地绘制着整个大科学工程控制系统的逻辑关系。他回忆，那时候年轻，常常画图到晚上 12 点，一边画一边思考，反复修改，"装置的尺寸配合总体是稳定的"。

为解决设备来源的问题，潘垣与外部工厂合作，进行了大量设备的研发。其中最令他自豪的是其主持研发的两台 80 兆瓦的交流脉冲发电机。这也是当时中国容量最大的两台发电机，至今仍在使用。

20 世纪 80 年代，成都作家莫然曾造访 585 所。她回忆，当时研究所完全是在与世隔绝的山沟里，走进研究所还需要爬 108 级石梯，"房间就像山洞一样"，"我们的科学家具有舍己的奉献精神，就在那样的环境中，他们制造出了'中国环流器一号'，光设计图纸就有 3 层楼那样高"。

经过以潘垣为代表的大批科学家艰苦卓绝的努力，1984 年 9 月 26 日，"中国环流器一号"正式启动运行。中国核工业集团出品的纪录片《了不起的核工业》再现了这一天的情形："当'中国环流器一号'装置一举成功在 1 特斯拉纵向磁场下获得 54 千安培、持续 6 毫秒以上的等离子体时，一刹那，整个实验室沸腾了……那一天，人们见面的第一句话都是：'成了！成了！'"

1985 年 11 月，"中国环流器一号"竣工验收大会在 585 所召开。验收委员会强调，"中国环流器一号"装置的建成，标志着我国受控核聚变研究已

▲ 潘垣（中）1972—1980 年在 585 所工作时主持研制的两台 80 兆瓦脉冲发电机组

由建装置、打基础，开始进入在较大规模装置上开展具有我国自己特色的实验研究的新阶段。

"中国环流器一号"的成功研制，成为中国核聚变研究史上的重要里程碑，为中国自主设计、建造、运行"人造太阳"培养了大批人才，积累了丰富经验。正是凭借这项重大贡献，潘垣于 1997 年成功当选中国工程院院士。"我一生中感到很幸福的事情，就是'中国环流器一号'的成功研制。"他说。

"中国环流器一号"研制成功后的 30 多年中，核聚变的相关研究依然是潘垣的核心工作。在中国科学院等离子体物理研究所，他完成了托卡马克装置 HT－6M 的脉冲电源及控制系统升级改造。此外，作为访问学者，他还先后在欧洲联合托卡马克 JET 实验室和美国德克萨斯大学（奥斯汀）聚变研究所两个托卡马克装置上开展工程与实验研究。

2002 年起，作为中国参与 ITER 计划的发起人之一和首批国内 ITER 专家委员会五名成员之一，潘垣全程参与了我国 ITER 计划的立项论证工作。此项计划由中国与欧盟、印度、日本、韩国、俄罗斯和美国七方共同实施，旨在通过模拟太阳发光发热的核聚变过程，探索受控核聚变技术商业化的可行性，这也是目前全球规模最大、影响最深远的国际科研合作项目之一。

▲ "中国环流器一号"装置

在此期间，潘垣前瞻性地引进和建设了我国高校唯一的 J-TEXT 聚变实验装置。基于该装置，潘垣带领团队针对 ITER 计划最突出的科技问题——等离子体大破裂，开展了十几年的理论与实验研究。2020 年 10 月，位于武汉喻家山脚下的这一装置被 ITER 国际科技顾问委员会列为散裂弹丸破裂缓解研究四大装置之一（其他 3 个为美国 D Ⅲ-D 装置、欧盟 JET 装置和韩国 KSTAR 装置），成为 ITER 计划不可或缺的中国力量。

2016 年，潘垣将聚变材料锁定为氘元素，在国际上首创提出新的技术路径——氘氘聚变。2023 年 11 月，基于潘垣团队提出的原创性方案，作为研究聚变能研发中的聚变堆材料等关键科学技术问题的科技基础设施，磁约束氘氘聚变中子源预研装置项目获批，拟在武汉新城光谷科学岛启动建设。

在拉丁语中，"ITER"一词意为"路"。回望过去，潘垣已在追逐"人造太阳"的漫长道路上走了很久。"我的人生，要留下一些痕迹，科技的痕迹，让后人还记得我。"他期待着磁约束氘氘聚变的实现，"这是件了不起的大事，真正最后解决人类的终极能源问题，为人类做出贡献。"

💬 瞄准国家所需，打造全球"追磁"中心

2023 年 10 月，2023 奔跑吧·光谷马拉松赛鸣枪开跑。国家脉冲强磁场科学中心方阵、湖北九峰山实验室方阵、人工智能方阵……以重大科技基础设施、重点实验室为代表的武汉战略科技力量矩阵方阵首次亮相光谷马拉松

▲ 潘垣（左四）在 J-TEXT 装置前

赛道。

与本届光谷马拉松的起点——华中科技大学南大门相距不远的一栋灰色建筑，就是吸引全世界科研精英的国家脉冲强磁场科学中心，建成 10 余年来，该中心取得了包括发现第三种规律的对数周期量子振荡等在内的一大批原创成果，打造了强磁场国际学术高地。

国家脉冲强磁场科学中心方阵领跑人韩小涛是潘垣的学生，也是潘垣科研团队重要成员，他全程见证了国家脉冲强磁场科学中心的筹备、建设与运行。"脉冲强磁场国家重大科技基础设施，凝聚了我们整整一代科技工作者的心血。"韩小涛感慨，从无到有、从弱到强，国家脉冲强磁场科学中心见证了我国在强磁场领域从"跟跑"、"并跑"到"领跑"的跨越式发展。

强磁场，是现代科学实验最重要的极端条件之一，能够为基础科学研究发现新现象、揭示新规律提供更多机遇，脉冲强磁场装置是获得高场强最有效的方法。

20 世纪末期，在华中科技大学电气与电子工程学院任教授、博士生导师的潘垣敏锐地注意到，自 20 世纪 80 年代发现高温超导以来，国外陆续建设了数十个脉冲强磁场实验装置，开展各领域前沿科学研究。由于我国长期缺乏这类装置，科研人员想在强磁场环境下做实验，只能借用国外的实验装置，往往丧失科研先机。

瞄准国家所需，潘垣于 2001 年在国内率先提出并参与申报建设脉冲强磁场设施，该设施是"十一五"期间我国建设的十二项重大科技基础设施之一，也是潘垣科研生涯中的第二个大科学工程。

当时，中国脉冲强磁场技术与世界水平存在较大差距，相关技术人才极度紧缺，潘垣向学校推荐了正在美国通用电气（GE）公司全球研究中心任高级工程师的 1980 级校友李亮，之后时任华中科技大学校长的李培根 3 次赴美邀请，希望李亮回国主持脉冲强磁场设施建设。

2007 年立项，2008 年开工建设，2013 年建成，凭着一股拼劲，潘垣和李亮率领团队仅仅用了 5 年时间，就让中国脉冲强磁场装置实现从无到有的突破。国家脉冲强磁场科学中心建成后，美国、德国、法国等国的世界顶级强磁场实验室主任及国内外 29 名权威科学家评估后认为，中国在电源设计和磁体技术方面取得的成就已位列世界顶级，该装置跻身世界最好的脉冲强磁场实验装置之列。

作为湖北省和教育部高校承担建设的第一个大科学装置，国家脉冲强磁场实验装置的关键核心材料、部件，全都通过自主研发实现了国产化。"从样机开始，每根电路的设计图都是自己绘制的，每个零件都是自己安装调试的。"韩小涛回忆。

虽然当时的潘垣已年逾古稀，却依然亲力亲为，带领团队写项目申报材料，做磁体设计方案，有环节出现问题，他也立刻赶到现场查看指导。即使是现在，91 岁高龄的他也常常去实验室转转、看看。

作为国家脉冲强磁场实验装置技术总监，潘垣相继取得了一系列技术创新：提出了基于磁耦合与线性迭加技术的磁场波形调控方法，实现了无纹波脉冲平顶磁场，创造了 64 特斯拉脉冲平顶磁场强度世界纪录；提出多线圈磁体去耦技术，彻底解决了强耦合引起磁场跌落的世界性难题。

国家脉冲强磁场实验装置的建成为科学研究打开了一扇窗。2018 年，基于这一大科学装置，北京大学王健教授、谢心澄院士团队在量子材料研究领域取得重大突破，发现了第三种规律的量子振荡——对数周期量子振荡，被评价为近 90 年以来量子振荡领域最为重要的发现之一。

2023 年 9 月，国家脉冲强磁场科学中心工程技术团队成功实现 20 兆瓦全球最大单机功率风力发电机转子的整体充磁，成为全球唯一能对兆瓦级永磁风力发电机全系列机型整体充退磁的技术团队，使我国风电绿色制造实现里程碑式高质量发展。

从 "受制于人" 到 "授之予人"，截至 2024 年 2 月，这一国家重大科技基础设施已吸引包括清华大学、北京大学、中国科学院物理研究所、英国剑桥大学、美国斯坦福大学在内的 130 个国内外科研单位开展科学研究 1800 余项，成为全球名副其实的 "追磁" 中心，有力地推动了我国物理、材料、生命等相关前沿基础学科研究发展。

如今，"十四五" 国家重大科技基础设施——总投资 21 亿元的脉冲强磁场实验装置优化提升项目已全面进入建设阶段。潘垣和团队一起，朝着建成全面领先的脉冲强磁场设施，打造全球规模最大、最具国际影响力的脉冲强磁场科学中心的目标继续前行。

💬 服务国家战略需求，坚持"人无我有，人有我强，人强我新"

潘垣在科研道路上，曾受到核物理学家钱三强、李正武等一批老科学家的影响。他在 1998 年 10 月回到母校华中科技大学，成为电气与电子工程学院教授、博士生导师之后，也成了更多青年人的引路人。

在华中科技大学，潘垣推出脉冲功率、超导电力、等离子体应用、磁约束聚变、脉冲强磁场、新一代开关等多项新的学科发展方向，极大地提升了华中科技大学电气工程学科在全国乃至全球的竞争力。

虽然成了院士，但潘垣依然坚持为本科生授课。不少学生对他的课堂印象深刻。"在我的理解中，院士，应该从事着名称长长的、我们听不懂名称的高端项目，指点博士生们学习研究，坐在会议室的嘉宾席上，只在主持人介绍时站起来远远微笑示意……说实话，对于本科生而言，他们的存在只是一串串不断重复的名号罢了。"一位本科生说，从没想过竟然会有一名院士成为真正意义上的老师。

电磁场与波是电气类专业的一门重要技术基础课。课程的前两部分"矢量分析及场论基础"和"电磁场的物理量及电磁现象的基本规律"是电磁场基本知识和重要规律的介绍，潘垣给学生讲起来信手拈来、重点突出，对幻灯片（PPT）和教材上的内容都很熟悉。在学生们的记忆中，他眉眼含笑、声音洪亮，没有半分院士的架子，讲到关键处还会像个老小孩一样手舞足蹈起来，讲到复杂的地方，还会冒出几句地道的武汉话。

有一次上课时，潘垣当场指出了教材上的错误，诸如"旋度"写成了"散度"，"净电荷密度"少写了"净"，甚至还有"高斯定理"写成了"离斯定理"。聚变与等离子体研究所常务副所长、华中科技大学教授丁永华说，潘垣为了上这门课，提前 1 年就开始备课，备课笔记都记了厚厚一大本。他常常惊叹于潘垣的精益求精，"PPT 改了 3 遍，潘老师还能检查出错误来"。

学生们被潘垣认真的态度深深感染，他们感慨："潘老师教给我们的不仅仅是这些电磁场知识，更重要的是严谨的学习态度，还有课后总结的学习方法。"

"电气学科作为一门传统学科，在新时代的诸多变革形势下，其人才培养体系也存在重大变革需求。"在潘垣看来，学科的交叉融合，是创新的源泉。2021 年，他以第一作者撰写论文《面向 "电气化 +" 的电气工程本科人才培养体系重构刍议》，倡导并推进 "电气化 +" 的学科发展战略。他从 "互联网 +" 现象中得到启示，提出探索 "电气化 +" 的电气工程本科人才培养体系重构的思路，构建 "厚基础、宽领域、跨学科、重实践" 的课程体系，让电气学科这一门传统学科适应时代变革，培养交叉学科人才。

▲ 潘垣指导团队成员

近年来，因年事已高，潘垣不再进行一线教学。他订阅了多份报纸，每天都要阅读当天的重要新闻，从中获取前沿讯息，寻找可能的科研方向。他说："我学习的目的是什么？我要了解国家的重大需求在哪里。我仍然在学，不断地在学。"

满头银发的他声如洪钟，走起路来比很多年轻人还快。每天到实验室里看看学生们的工作进展，成了他生活的重要组成部分。由他主持或提出的科研项目依然一个接着一个，在他的带领下，团队获得国家科学技术进步奖等多种奖项。

华中科技大学电气与电子工程学院副教授王之江说："潘老师对知识有很强的渴望，精神旺盛，每当听到最新的科技进展，会不由自主地挺直腰，聚精会神地听。"尤其令他印象深刻的是，潘垣有很强的创新意愿，"很多人会觉得已经功成名就，不再往前走了，但潘老师有新方案就一定要提出，他觉得还要往前再走一下"。

2022年6月，湖北省科技创新大会举行，潘垣获颁"杰出贡献奖"。他现场寄语青年人："一个国家的富强必须要搞科技创新，如果你自己没有创新，跟着别人去跑的话，那永远是靠后的。"

在潘垣看来，做科研永远只有进行时，没有完成时。"人无我有，人有我强，人强我新。"这是他坚持的科研理念，也是电气与电子工程学院师生们的座右铭。

"我们时常会聚焦科学的'无人区'，潘老师是为我们引路的人，带着我们攻坚克难。"潘垣团队成员、华中科技大学电气与电子工程学院教授袁召说，科研的过程充满纠结、失败和怀疑，但每每看到这位老科学家的身影，就有了坚持下去的信心。

在高压电器方面，潘垣带领团队历时多年刻苦攻关，研发的110千伏、

▲ 潘垣获湖北省科技创新大会"杰出贡献奖"

220千伏交流断路器和500千伏交流限流器，具有完全自主知识产权，指标均处于国际领先水平。

在清洁能源方面，潘垣提出通过建设柔性直流电网，解决大规模风电并网问题，顺利建成了张北柔性直流电网国家示范工程，为北京冬季奥运会和冬季残疾人奥运会的举办提供了优质环境保障。

…………

时至今日，已是耄耋之年的潘垣依然坚持"四个面向"，站在科研攻坚第一线，解决实际问题。他说："虽然我的追求在不同的时代会有不同，但是有一个核心没变，那就是服务国家战略需求。"

曹文宣：

首倡长江"十年禁渔"，一生盼鱼归

曹文宣，1934年5月生于四川省彭州市，鱼类生物学家，中国科学院院士。现任中国科学院水生生物研究所研究员、博士生导师。

他长期致力于长江鱼类资源和珍稀、特有鱼类物种保护的研究。通过对高原特有的裂腹鱼类生物学特点及其与高原环境变化适应性关系的研究，创新性地从裂腹鱼类的起源、演化和分布的角度，论证了青藏高原的地质发展历史；通过对长江葛洲坝枢纽和三峡枢纽等大型水利工程水域生态影响的长期研究，有针对性地提出了受影响的珍稀、特有鱼类的保护政策；在长江中下游浅水湖泊生态环境综合治理的研究中，开辟了我国鱼类资源小型化现象研究的新领域。

曹文宣是长江"十年禁渔"的首倡科学家。针对长江鱼类资源严重衰退，主要养殖对象"四大家鱼"优良种质亟需加强保护的情况，他早在 2006 年就提出长江全面休渔 10 年的建议，让鱼类休养生息。该建议最终得到国家政府的采纳，2018 年 9 月公布的《国务院办公厅关于加强长江水生生物保护工作的意见》，明确指出在长江干流和重要支流等重点水域逐步实行合理期限内禁捕的禁渔期制度。

▲ 曹文宣院士

有游泳爱好者横渡长江，巧遇 3 头江豚在江面嬉戏，这一多年未见的景象，不久前重现长江武汉中心城区段。

"每次听到江豚现身长江的消息，我都会激动好几天。"长江"十年禁渔"首倡科学家、90 岁的曹文宣院士说，江豚回来，在水中自由嬉戏，说明长江"十年禁渔"初见成效。

他有足够的理由激动。作为鱼类生物学家，他长期致力于鱼类分类学、鱼类生态学及珍稀鱼类物种保护等领域的研究，为水生生物的繁衍生息、合理利用已奔走呼吁 60 多年。

在 2023 年 10 月举行的长江水生生物保护论坛上，他通过视频发出倡议：长江大保护工作是长期的、大众的，希望全民参与长江水生生物保护，让母亲河长江休养生息。

▲ 长江江豚

💬 九入青藏高原科考，用一条鱼论证"世界屋脊"的隆起

冬日的阳光，温暖地照在武汉东湖畔的一栋外观极其普通的楼房上。这里是中国科学院水生生物博物馆，馆内收藏着丰富的水生生物标本，其中包括数十种青藏高原裂腹鱼类的标本。

"澜沧裂腹鱼，这个是我发现的，你看，学名 *Schizothorax lantsangensis* Tsao，'Tsao'是我的姓。"曹文宣小心地触摸着一个装着裂腹鱼标本的玻璃器皿说，"这是青藏高原上特有的裂腹鱼类，

▲ 曹文宣在做研究

在它的肛门和臀鳍基部两侧各有一列大鳞片，称为臀鳞，在两列臀鳞之间的腹中线上形成一条似裂缝的凹陷，因而称作裂腹鱼。"

1956—1983 年，曹文宣的野外科考涉及新疆、西藏、青海、四川等十三个省、自治区，长江、黄河、澜沧江、怒江和雅鲁藏布江畔都留下他的足迹。其中，在 1956—1976 年的 20 年间，他 9 次踏上青藏高原，在长江上游采集了近百种、上万条鱼类标本，并发现了包括澜沧裂腹鱼、齐口裂腹鱼、光唇裂腹鱼等在内的 22 个鱼类新物种。

"鱼类研究是很有意思的。"多年与鱼相伴，从抛竿钓鱼、撒网捕鱼到生火烤鱼，曹文宣都非常擅长。时隔半个多世纪，他还清晰地记得，首次青藏高原考察前夕，他特地前往鄂州梁子湖学习捕鱼。为了适应船在湖水中的晃动，他站在农民压粮食的石磙上学习撒网、拉网，跟渔民学习如何在浅水区用虾

耙子抓鱼。到了青藏高原后，他白天做研究，晚上架起铁锅熬鱼汤、堆着柴火烤鱼，练就了一手做鱼的好手艺。

但科考并不只有鲜美的鱼汤和烤鱼。曹文宣回忆，在那个异常艰苦的岁月里，野外科考没有高端装备，没有摩托车和越野车，科考队员们靠着两条腿来翻山越岭，"有一次去墨脱，风雪交加，我们在路上走了三天三夜，一路都是毛驴、骆驼的尸体"。

因为下河抓鱼，他患上了血吸虫病，长期处在高原缺氧及强紫外线的环境中，他的双眼患上了严重的白内障，做过多次手术。1989 年开始写《长江三峡水利枢纽环境影响报告书》时，他的左眼已经看不到东西，右眼视力仅为 0.23。

在被称为"世界屋脊"的青藏高原，曹文宣和同事们爬雪山、下深涧，长途跋涉于人迹罕至的深山和冰原之上，一步步摸清了青藏高原的鱼类情况，建立了裂腹鱼亚科新的分类系统，并开展对裂腹鱼类生物学特点及其与高原环境变化适应性关系的研究。

"很多鱼类都是首次发现，几乎每条江里都有一种新品种鱼类发现。"他说，因为都是自己撒网、自己筛选，所以他对各种鱼的栖息环境、生活习性了如指掌。

在扎实严谨的调查研究的基础上，曹文宣创新性地通过裂腹鱼的起源与演化论证了青藏高原的地质发展史，由此成为世界上第一位把鱼类与青藏高原的隆起结合在一起加以研究，并把单纯的物种分类学延伸到地质、地理学中的学者。

1977 年，曹文宣在《裂腹鱼类的起源和演化及其与青藏高原隆起的关系》一文中首次提出：裂腹鱼的起源和演化与青藏高原第三世纪末期开始的隆起所导致的环境条件改变密切相关。具体来说，根据裂腹鱼类体表鳞片的有无、触须的数量等性状，可以将裂腹鱼类演化过程大致分为 3 个发展阶段，这三

▲ 曹文宣（右）与陈宜瑜探讨裂腹鱼类的起源和演化及其与青藏高原隆起的关系

个阶段的演化过程与青藏高原隆起的 3 个主要阶段存在对应关系。

这篇思路新奇的论文为探索青藏高原隆起的时代、幅度和形式问题提供了有力的佐证，引发了学术界的广泛关注和讨论，成为中国科学院重大课题"青藏高原隆起及其对自然环境与人类活动影响的综合研究"的重要内容。该课题获中国科学院科学技术进步奖特等奖和国家自然科学奖一等奖，曹文宣也凭借这篇论文成为主要获奖者之一。

💬 成为团头鲂人工养殖第一人，让武昌鱼"游"向全世界

曹文宣的研究并不都是阳春白雪，多项成果与大众的生活息息相关。

1955 年，大学毕业的曹文宣被分配至中国科学院水生生物研究所工作。

▲ 青年时期的曹文宣

当时，中国科学院水生生物研究所由上海迁至武汉不久，地处偏僻，荒凉无物。曹文宣接到的第一项工作任务，就是到梁子湖的鱼类生态野外工作站，研究团头鲂与三角鲂。

鲂鱼在民间俗称"鳊鱼"。光绪十一年版《武昌县志》这样写道："鲂，即鳊鱼，又称缩项鳊，产樊口者甲天下。是处水势回旋，深潭无底，渔人置罾捕得之，止此一罾，味肥美，余亦较胜别地。"樊口位于湖北省鄂州市西部，梁子湖又名樊湖，正是经樊口入长江。

"团头鲂和三角鲂长得非常像。"曹文宣在梁子湖发现，通常称作"平胸鳊"的鲂鱼中，存在着团头鲂和三角鲂之分。团头鲂体背部青灰色，两侧银灰色，腹部银白，头小嘴小，头后背部急剧隆起，口裂广弧形，为草食性鱼类，在水草中产卵；三角鲂则顶鳍高耸、头尖尾长，侧面看近似三角形，属杂食性鱼类，在自然水域中以水生植物为食，特别喜欢吃淡水壳菜，也吃水生昆虫、小鱼、虾和软体动物等，在流水中产卵。

当时，梁子湖出产的鲂鱼约占总产量的10%。曹文宣研究后发现，鲂鱼的体型高扁，二三两的幼鱼很容易被渔网捕获，鲂鱼出产之所以占比不高，正是因为当地渔民捕食了较多的幼鱼。

在他看来，鲂鱼具有3个可贵的优点：第一是生长迅速；第二是可在湖泊等静止水体中产卵繁殖；第三是主要以水草为食。"无论是在发展湖泊渔业方面，还是在扩大淡水养殖方面，鲂鱼都应该成为主要的对象之一。"

梁子湖的鱼类生态野外工作站条件简陋，为确定鲂鱼具体的发育、孵化等生长习性，曹文宣和同事们点起煤油灯，在昏暗的灯光下通宵达旦地观察鲂鱼胚胎的发育过程，并一一画图记录。

1960 年，曹文宣在《水生生物学报》上发表论文《梁子湖的团头鲂与三角鲂》。论文中提出，团头鲂个头肉质均较好，而且生长快，性成熟比三角鲂早 1 年，产卵的数量也更多，更易捕捞，可以通过人工繁殖取得团头鲂鱼苗，实现池塘养殖。他也因此成为提出团头鲂人工养殖的第一人。

当时，正值毛泽东主席发表词作《水调歌头·游泳》后数年。其中，"才饮长沙水，又食武昌鱼"一句广为流传，"武昌鱼"具体指什么鱼众说纷纭。为了让更多人了解鲂鱼就是武昌鱼，曹文宣特地写下科普文章《漫话"武昌鱼"》，发表在 1962 年 4 月 20 日的《人民日报》上，文章从历史典故、物种分类、地域分布、名字由来等方面，详细介绍了鲂鱼。

也正是因为曹文宣和同事们对团头鲂的研究和科普，越来越多的渔民意

▲ 1957 年 6 月，曹文宣（左）参加梁子湖鱼类生态调查

识到了团头鲂的价值，开始了团头鲂的养殖之路。时至今日，作为新中国成立之后第一种被命名的淡水鱼，也是第一种被驯化、养殖成功的淡水鱼，团头鲂已走上了千家万户的餐桌，成为长江流域最主要的淡水鱼类之一。

近年来，仅在湖北省鄂州市，就已形成了从育种、养殖到加工、文化推广等完整的团头鲂产业链。目前，鄂州团头鲂年产量已达70余万吨。2022年5月、2023年4月、2023年6月，深圳、上海、香港先后举办了鄂州武昌鱼文化节，3次共签约24个项目，投资金额超260亿元，一条团头鲂从梁子湖"游"向全世界。

2024年1月举行的2023年"我喜爱的湖北品牌"电视大赛中，"鄂州武昌鱼"从全省的61个知名品牌中脱颖而出，斩获金奖。

💬 首倡长江"十年禁渔"，呼吁关停小水电站

在中国科学院水生生物博物馆，青藏高原裂腹鱼类标本之侧，摆放着两个巨大的玻璃展柜，一个是白鲟的标本，一个是中华鲟的标本。

2022年7月21日，世界自然保护联盟（IUCN）发布了最新的濒危物种红色名录。在名录中，长江特有物种白鲟被正式宣告灭绝，长江鲟野外灭绝。这一结果凸显了长江水生生物多样性保护面临的巨大挑战。

绵延6300余千米的长江是中国第一大河，也是世界上水生生物物种最丰富的河流之一。据不完全统计，长江流域有水生生物4300余种，其中鱼类400余种，特有鱼类170余种。近年来，由于人类活动的影响，白暨豚、白鲟已难觅踪迹，中华鲟、江豚也岌岌可危，就连青、草、鲢、鳙等长江"四大家鱼"的资源量也大幅萎缩。

"每次走进展馆，我都觉得痛心。相比大熊猫、朱鹮等陆生生物的保护，水生生物保护的难度要大得多。"曹文宣说，虽然中华鲟被称作"水中大熊

猫"，但与保护大熊猫不同的是，中华鲟的生存地贯穿整个长江，无法圈定一片保护栖息地，且其生活的地方恰恰也是人类在长江中活动最密集的地方。

▲ 收藏在中国科学院水生生物博物馆的白鲟标本

长久以山野为家，与江湖为伴，曹文宣很快注意到长江生态环境的每况愈下。在他看来，长江鱼类资源衰退最重要的一个原因就是酷渔滥捕、过度捕捞。回忆起第一次看到鄱阳湖、洞庭湖上的"迷魂阵"时，他皱起了眉，清晰地记得当时无比震惊。"一大片一大片的机织网连接起来，密密麻麻，让人眼花缭乱，鱼怎么逃得掉？"更严重的是电捕和"耙螺蛳"，"螺蛳耙子经过的地方，水草被连根拔起，水生植物被破坏了，生态也就被破坏了！"

▲ 中华鲟

数据显示，长江天然捕捞年产量曾在 1954 年接近 43 万吨，到 20 世纪 90 年代已下降至 10 万吨左右，而且呈逐年下降趋势。"四大家鱼"资源较 20 世纪 50 年代已经减少了 90% 以上。无鱼可捕，让长江休养生息，已是迫在眉睫。

2003 年起，长江上下游相继实施了 3～4 个月的长江禁渔期制度。曹文宣和学生们考察时却发现，禁渔期刚刚结束，渔民就下江捕捞，很多幼鱼还没来得及长大就被捞上来了。那些如手指般细长的小鱼，平均每条的体重仅 2.5 克，"这些小鱼、幼鱼都被捉起来了，说明长江里的鱼越捉越少，越捉越小"。

"阶段性休渔治标不治本，不能从根本上解决长江生态问题。"2006 年召开的三峡工程科技论坛上，曹文宣呼吁将阶段性休渔改为全面休渔 10 年，这样不仅有助于长江水生生物资源数量恢复，也有利于以鱼为食的江豚等重点保护动物的生存繁衍。

次年举行的首届长江生物资源养护论坛上，他同 13 名中国科学院院士和中国工程院院士联名倡议保护长江生物，建议长期全年禁渔。"地球造就一个

▲ 曹文宣看长江"十年禁渔"自然科普展

物种至少要 200 万年，而人类破坏一个物种也许只要几十年甚至几年。"倡议书说。

接下来的 10 余年里，他和同事们不断通过各种渠道建言献策，指出"长江渔业资源已经到了最危险的时候"，呼吁长江流域"十年禁渔"。

为什么是 10 年？曹文宣说，对于"四大家鱼"等长江鱼类而言，通常需要生长 3～4 年才能繁殖，连续禁渔 10 年，它们能有 2～3 个世代的繁衍，种群数量才能显著增加。"人的利益和水生生物的利益，我们要综合考虑，不能只考虑人的利益，这个是很重要的。"他说。

2017 年，赤水河成为长江首条实施全面禁渔 10 年的一级支流——长江"十年禁渔"迈出了第一步。2019 年，农业农村部等部门出台了《长江流域重点水域禁捕和建立补偿制度实施方案》，明确了长江"十年禁渔"制度。2021 年，长江流域"一江两湖七河"等重点水域正式进入 10 年禁渔期，11.1 万艘渔船、23.1 万渔民退捕上岸，开始了"人退鱼进"的历史转折。曹文宣多年的奔走呼吁终于得到了回应与支持。

最近几年，长江江豚频频现身长江水域。2023 年 12 月，中国科学院水生生物研究所水下声学监测设备提供的数据显示，3 个月以来，仅在长江武汉段新洲双柳水域，已持续记录 26407 次来自长江江豚的声呐信号。

"江豚和人很亲近，你看它，它也会看你，很好玩。"曹文宣说，现在赤水河的鱼繁殖得很好，长江鲟也出现了，"看到人与自然和谐相处，我由衷地高兴。"虽然高兴，他也清楚地看到，"2021 年更新的国家重点保护野生动物名录，又增加了十几种濒危鱼类，这说明它们的生态环境还在恶化，需要进一步加以保护"。

在曹文宣看来，长江"十年禁渔"只是第一步，在物种资源的恢复上，还要进一步做好生态修复。他提出，除大型水电站之外，可以将那些水量较小的支流上的小水电站清除，恢复它的自然流态，使鱼类摄食、繁殖、越冬等生命活动畅通无阻，成为长江一些特有鱼类完整的栖息地。

做生物考察，一定要到野外去

泡在药液里的鱼标本、装在画框里的鱼插画……在中国科学院水生生物研究所曹文宣的办公室里，处处可见鱼的身影。宽大的桌子上、整面墙的书柜里，都堆满了和鱼相关的科研书籍和资料，谈到兴起，他转身就从书架上翻出相册，一张张指着老照片讲下去。

1934 年，曹文宣出生于长江上游的四川省彭州市，这是一座依山傍水的城市，自然格局被称为"六山一水三分坝"，拥有国内罕见的高山河谷。他的父亲曾在华西大学（现四川大学）讲授园艺课，并受同校生物系教授的托付，在彭州市一带的山区收集制作蝴蝶、野鸡等动物标本。春天和父亲一起去龙

▲ 曹文宣翻看老相册

门山捕蝴蝶，夏天在白水河摸鱼抓虾，这段快乐的童年时光，让他至今难以忘怀。

高中毕业后，曹文宣报考成都华西大学。"哥哥建议我考牙科，但我坚持了自己的喜好，第一志愿报考了生物系。"在华西大学，他遇到影响了他一生的老师——著名两栖爬行动物学

▲ 曹文宣（左一）等在武陵源（摄于1983年）

专家刘承钊，并受其影响选择了鱼类生物学专业。

在曹文宣的记忆中，刘承钊喜欢讲野外考察的故事，也经常带学生们到川西、云贵一带采集生物标本，"他的特点之一就是亲自到野外采标本，对蛙类从卵、蝌蚪到成蛙的整个生活史的研究非常细致"。"我在野外工作时的态度和习惯完全是受刘承钊先生的影响。"曹文宣说。

在中国科学院水生生物研究所，曹文宣幸运地遇到了另一位对他影响很大的老师——中国鱼类学和线虫学的奠基人伍献文。为了调查祖国富饶的生物资源，伍献文的足迹遍及山川河海，发现了许多在科学上未曾记载过的新物种。在他的直接领导下，中国科学院水生生物研究所在野外采集了大量的鱼类标本，建立了收藏有20余万号标本的亚洲最大的淡水鱼类标本室。

"做生物考察，一定要到野外去。"等自己也成为老师之后，曹文宣常常和学生们分享自己从事野外科研工作时的感受，并鼓励他们不怕吃苦，到野外去接触实际，"不能光是在实验室看别人的文章，这样没有办法创新。"

中国科学院水生生物研究所鱼类生态鱼资源保护学科组研究生杨萍还清

▲ 曹文宣（左二）与伍献文（右一）

楚地记得，第一次见到曹文宣院士的情景，"他用四川话跟我们交流，分享他的经历，这让同为四川人的我备感亲切"。

让她惊叹的是，虽然已是耄耋之年，曹文宣依然和年轻人一起参加各种科考，"他总是告诉我们科研很辛苦，但选择了就要热爱。任何一次野外考察都可以做很多研究，一定要对科研保持激情"。

学生崔韵文来自哈尔滨，她记得，有一次到老师家中拜访时，两人谈到了黑龙江的鱼。"先生说黑龙江的鱼肉质鲜嫩，味道鲜美，这可能与藻类植物种类繁多、饵料生物丰富有关。"她感慨，老师专业知识扎实，专业技能强，这与他勤奋好学、博览群书是密不可分的。

作为曹文宣的学生，崔韵文也总是到野外考察。她常常回味老师的叮嘱："纸上得来终觉浅，绝知此事要躬行。在保证安全的情况下，我们作为鱼类保护工作者，就必须亲自去野外，去实地调查、取样、研究。"

1 年多前，曹文宣不顾学生们的劝阻，拖着病愈不久的身体去了一趟赤水河。赤水河是长江上游唯一一条完整的生态河流，大名鼎鼎的茅台酒厂就建在赤水河畔。从 20 世纪 80 年代开始，曹文宣就带领学生们在赤水河流域开展监测、研究工作，多年来从未间断。2021 年，中国科学院水生生物研究所在赤水河设立的野外站点建成投入使用。"我希望把赤水河保护好，作为长江修复的一个样本。"他说。

"虽然已步履蹒跚，可是在鱼类保护这条道路上，他走得比谁都更久、更远。"崔韵文说，以老师为榜样，坚韧不拔、锲而不舍，一定能为鱼类保护和育养做出新的贡献。

▲ 2007 年曹文宣第五次对赤水河及其鱼类资源保护情况进行考察

张勇传：

为有源头活水来

张勇传，1935年3月出生于河南省南阳市，水电能源专家、中国工程院院士、华中科技大学教授、博士生导师。曾任华中科技大学学术委员会副主任、文华学院首任校长、水电与数字化工程学院名誉院长，现任文华学院名誉校长。

他长期从事水资源、电力领域的教学科研工作，在水库运行基础理论、规划决策与洪水风险管理、电力系统和水电站计算机仿真控制、随机决策领域不断取得重要突破。他率先提出的凸动态规划和水调对策论开辟了新的研究领域；建立了调度面变分求解模型以及传递相关判别准则，避开了库群优化的"动态规划原理（DP）维灾"难题；构建的随机决策模式、洪水分型和分型归纳演绎预报模式，为该领域研究开拓了新的途径。他将水库运行基础理论与优化理论、控制理论、系统工程等理论与技术进行综合交叉研究和应用，为现代水库运行理论的创立做出了突出贡献，并率先提出了数字流域的崭新概念。他的研究成果已成功地应用于生产实际，创造了巨大的直接经济效益。

张勇传主持完成国家级重点科研项目20多项，出版《水电站水库调度》等学术专著、教材18部，发表论文300余篇。他的研究成果获国家科学技术进步奖一、二、三等奖各1项，获省部级科技奖励10余项。

▲ 张勇传院士

▲ 张勇传指导学生

−7.4℃！2023年冬至这一天，虽然有阳光相伴，但气温依旧低迷。武汉当日早晨的最低气温，创下了入冬以来新低。和以往的大多数时候一样，8时整，88岁的中国工程院院士张勇传准时走进了位于华中科技大学水工楼的办公室，开始了一天的工作。

自18岁离开家乡河南省南阳市，考入华中工学院（现华中科技大学）水利水电动力工程（以下简称"水动"）专业成为国内首批水动专业学生开始，张勇传在这座"森林式大学"中生活了大半辈子，和水电能源打了70多年的交道，见证和推动了我国水利发展从追赶世界到引领全球。

作为中国水电能源调度的开拓者，张勇传曾创下多个"中国第一"。在中国工程院院士馆网站上，他的词条下写道："如果说，中国水电能源理论的发展是一部有声有色的话剧，那么，张勇传就是这部鸿篇巨制的重要策划者和开拓者。"

💬 与水结缘，开创中国水电领域多个"第一"

白河，旧称淯水，河南省南阳市的母亲河，因河水碧绿、滩多白沙而得名。东汉科学家张衡出生于南阳郡西鄂县（现南阳市石桥镇），他在所著《南都赋》里写道："淯水荡其胸，推淮引湍，三方是通。"

张勇传的童年和少年时光就在南阳市郊区一个白河流经的村庄度过。夏天的时候打水仗，冬天的时候滑冰，在那个并不平静的年代，正是这条荡荡流淌的河流带给他内心的平静。

他喜欢仰泳，常常调整好呼吸，全身放松，整个人浮在白河水面上，像条小船一动不动。这时候，他会看天上的浮云，听河水流动的声音，还会展开想象的翅膀，思考各种各样的问题。时隔多年后回忆，他感慨："水滋润了我童年的每个日子，水以其丰富多变的个性和神秘的吸引力诱惑着我。"

水是他的乡愁，也是他一生的事业。但在他的记忆里，水并不总是那么清凉温柔的。

1953 年夏天，即将参加高考的张勇传，第一次领教到水的凶猛。持续多日的暴雨，白河河水暴涨，淹没了通往考场的路。为了让他能准时赶到，父亲雇了一艘小船。带着妈妈煮的七八个鸡蛋，张勇传和船夫在船里颠簸了一天一夜，才抵达了考场，最终以优秀的成绩考入刚刚建立的华中工学院。

大二这年，长江暴发百年一遇的全流域大洪水。张勇传和华中工学院的同学们一起冲上堤坝，扛沙袋、垒堤坝，寻堤查险、防堵管涌，漫长的一天一夜，一群年轻人用血肉之躯抵挡了肆虐的洪水。

人生中亲历的两次洪水，让张勇传对水有了更深刻的认识。如何让水害变成水利？如何让水的力量为我所用？善于提问、喜欢思考的他逐步走上了水电能源开发控制和优化调度的科研之路。

　　大四时，张勇传在已有的"水能算法"的基础上，创新性地提出了"图解法"，大大地简化了原本烦琐的水能计算的过程。这篇发表在《水力发电》杂志上的论文，是张勇传发表的第一篇论文，也是他学术创新的发端。

　　1963年，28岁的张勇传出版了《水电站水库调度》——我国水库调度领域的第一部著作。当时水电站水库调度主要凭调度人员的经验，随意性很大，书中提出基于水位高低、来水情况等多方面来做决策。"这本书中的很多理论，现在还是有用的。"张勇传说。

　　这是一本饿着肚子写出来的书。他掀起一截裤腿比画，"困难时期，营养不够，整个身体都是浮肿的，穿袜子穿不上，提个裤子绷得紧紧的。"

　　填不饱肚子，就只能拼命读书。"看别人写的论文的时候，就觉得自己的知识面不够深、不够广。"为了打牢基础，他在工作之余学俄语、学数学，苏联人斯米尔诺夫所编著的4卷6本《高等数学教程》成了枕边读物。武汉能够找到的国外学术资料不多，他就借着出差的时候去北京图书馆查找，了解美国和苏联科学家在水电运行方面的新进展。

　　张勇传年轻时最爱看两本小说：《远离莫斯科的地方》和《钢铁是怎样炼成的》。至今他还能完整地背出保尔·柯察金的名言："一个人的生命应当这样度过：当他回首往事的时候，不因虚度年华而悔恨，也不因碌碌无为而羞耻。"小说主角艰苦奋斗、永不放弃的精神，深深地影响着他。

　　三年困难时期、十年"文革"，虽然身心备受摧

▲ 张勇传工作照

残，也曾因研究难以付诸实践而萌生过转行的念头，但张勇传却从未停止学习和思考的脚步。漫长的沉淀和积累，为他成为中国水电能源理论的开拓者奠定了坚实的基础。

仅在 20 世纪 80 年代，他就相继出版了《优化理论在水库调度中的应用》《水电站经济运行》《水电能最优控制》等一系列理论著作。

他开创了中国水电领域多个"第一"：首次提出的凸动态规划和水调对策论开辟了新的研究领域；首次提出的传递相关概念及相应的判别准则以及余留统计迭代（RBSI）算法，有效地避开了库群优化的"DP 维灾"难题；首次提出的隐随机决策模式、洪水分型和分型归纳演绎预报模式，为这一领域的研究开拓了新的途径……

在张勇传办公室外的桂花树下，有一块立于 2003 年的石碑，上面是他手书的"源头活水"四个字。"源头活水"出自南宋诗人朱熹的诗句："半亩方塘一鉴开，天光云影共徘徊。问渠那得清如许？为有源头活水来。"这是张勇传最喜欢的诗句之一，他说："我们的专业跟水有关，要想源头活水来，要不断有新东西，使这个渠永远清如许。"

自主创新，"蹚"出一条水电站优化调度的道路

中国水电能源领域，把理论丰满起来的，张勇传是第一人；将理论成功引入实践的，张勇传也是第一人。做开拓者是一件困难的事情，比之更困难的，是持续做一名开拓者。

一坝斩资江，高峡出平湖。2022 年 1 月，由我国独立勘测设计、施工建设、制造安装、运行管理的湖南省第一座大型水电建设工程——柘溪水电站首台机组投产发电走过 60 个春秋。60 年来，该站累计发电超过 1200 亿千瓦时，折合节约燃煤 0.48 亿吨，减少二氧化碳排量约 1.2 亿吨。

▲ 柘溪水电站

然而，回到 20 世纪六七十年代，湖南省第一颗"红宝石"的运行并不顺利，很多时候是靠天吃饭，有水就发电，水多了就放掉，水少了就限制用电，严重干旱时，下游群众用水困难。

能源不足，电力不够，工厂就不能正常开工，生产受到了极大影响。1979 年，张勇传受邀来到湖南，与有关部门合作对该问题进行攻关，希望找到一个科学的、最佳的水库调度方法，以期充分利用水能，取得最大发电效益。

摆在他面前的，除了纷繁复杂的水文资料，就是一台使用穿孔带的 121 计算机，这是当时湖南省唯一一台计算机，机体占了整整一个大房间，计算速度却很慢，存储的容量也有限，一个方案往往要连续三天三夜才能算出结果来。

往往在计算机上连续鼓捣个几天几夜，最后却得出错误的结论，"就像费了九牛二虎之力爬到山顶，却发现山爬错了"。张勇传和同事们干脆驻扎在机房内，不分昼夜地工作，饿了啃饼干，困了就地休息，一次又一次验算，完善方案。时隔多年，他还记得那种无以言表的失望。

他回忆，当时，在全世界范围内，将计算机技术用于水电调度领域都算是创新之举，"我没学过计算机，就下决心重头学起，一直到现在都非常重视信息化技术的学习"。

一次次失败，一次次重头再来，历时两个月，张勇传和同事们从几十万个方案中，选择了一个最优调度方案，这个方案让柘溪水电站扭转了之前只能"靠天吃饭"的局面，一年之内多发电 1.3 亿千瓦时，占全年总发电量的 6%。电力部和湖南省科委组织鉴定认为：理论先进，效益显著，首次成功地实现了我国大型水电站优化调度。"摸着石头过河"，张勇传创造了又一个"中国第一"。

此后，水电部举办研究班，尝试将这一成果向全国推广。据当时的计算结果，来自湖南的 22 座水电站按此方案编制调度方案，发电量都有所增加。曾经被批"纸上谈兵"的研究有了解决实际问题的发挥空间。

张勇传的天地越来越广阔。1982 年，他和同事们针对江西省上犹江水电站的水电能源开发展开科研攻关。这是我国"一五"计划期间投产装机容量最大的一座水电站，曾被誉为"新中国水电建设的摇篮""华中水电一枝花""江西水电之母"。优化调度方案实施仅半年，产值就显著增加。这项成果获评江西省重大科技成果一等奖。鉴定意见认为，其成功地将对策论思想引入优调实践，使经济效益和可靠性得到满意的协调，在理论上有新的发展。

在掌握大量第一手资料的基础上，张勇传对优化调度理论进行总结，提出并证明了有关水库优化调度的凸性传递和定理，编制出了我国第一个水库优化调度程序。该项成果在江西省柘林、江口、罗湾等水电站运用，发电量都大幅提升，经济效益、社会效益十分可观。水电部组织鉴定，认为这一成果具有中国特色、处于国际领先水平。该成果获国家科学技术进步奖三等奖。

此后，张勇传在国内首次将博弈论、控制论、不确定性理论等运用到水电和水库调度中，为我国现代水库运行理论的创立和发展做出了突出贡献。"水电站优化调度这条路就是我们自己'蹚'出来的。"他说。

"通过学科交叉，在本学科取得理论上的突破，并在生产应用中取得巨大经济效益"，鉴于这一贡献，张勇传获得 1985 年国家科学技术进步奖一等奖，这也是湖北省首批、华中工学院首个国家科学技术进步奖一等奖。

1997 年，张勇传当选中国工程院能源与矿业工程学部院士，成为华中科技大学首批中国工程院院士。候选人简介表上写着："当时的方案在实际工程应用中获得很大的经济效益。"

时至今日，我国已从水电小国，逐步发展成为世界水电大国和水电强国，不但水电装机容量世界第一，也是世界上水电在建规模最大、发展速度最快

▲ 张勇传获国家科学技术进步奖一等奖的荣誉证书

的国家。仅在 2023 年的前 11 个月，我国新开工水利项目 2.73 万个，提前
1 个月实现全国水利建设投资 1 万亿元以上的年度目标任务，超过上年水平，
再创新的历史纪录。

"还要继续发展水利建设，用现代科技、信息技术，把水用好管好。"在
张勇传看来，虽然我国建设了世界上最多的水利水电工程，但由于人口众多、
水资源时空分布不均，与发达国家比，依然需要继续推进水利工程建设，大
力发展以水电、光电、风电互补协调的绿色能源。

"诺亚躲洪制方舟，禹疏江河荣九州。不筑堤坝兴水利，怎有年年望丰收。"
他说。

学科交叉，率先提出数字流域的崭新概念

"我在水电楼前，看蓝天上白云朵朵。树枝上缀满黄叶，映出满院秋色。
从窗内传出一阵掌声，惊吓了树上鸟儿离窝。这是收获的季节，作酬辛勤的
求索。我有幸与诸君同行，唱一首心中的歌。"张勇传在《水电楼》一诗中写道。

在 2023 年冬至的前两天，张勇传与华中科技大学 2023 级水利水电工程
专业的全体本科生进行交流。他介绍，华中科技大学是最早立足于水电清洁
能源、把水电学科交叉发展起来的高校，在水电优化调度领域、流域数字孪
生平台建设、水电站运行管理等方面具有一定的特色和影响力，形成了有华
中科技大学特色的水电学科。

他特别指出，华中科技大学水电学科长期聚焦国际学术前沿，将计算机
技术与人工智能方法应用到传统水资源管理与清洁能源开发、运行与维护中，
为"数字流域"与"绿色能源"的萌芽提供了理论土壤。

作为中国水电能源调度的开拓者，张勇传大力推动学科的交叉与融合。

在他看来，科学发展中的许多问题，越来越要求在学科交叉中解决，需要不同学科思维的碰撞才能产生火花，"不同的学科阵地就像不同的山峰，站在这个山头，看到的只是近处的景色，只有踏上更高的山峰，才会豁然开朗，才能欣赏到更为广阔壮观的景色"。

张勇传的许多灵感就来源于不同学科的相互交叉。他自小喜欢数学，初中时曾有"小华罗庚"的美称，大学时还曾彷徨是否从水动专业转行到数学专业，对数学的学习也从未中断。早在 20 世纪 80 年代中后期，他就提出了"水库调度决策理论"，在国内率先将博弈论（一种使用严谨的数学模型研究冲突对抗条件下最优决策问题的理论）融入到水电和水库调度中，并在丹江口、三峡等地特大水库和水电站中加以应用。

从柘溪水电站开始，张勇传又切身体会到计算机的"魔力"，开始投身于信息技术的研究。20 世纪 80 年代初，他率团队为柘溪水电站研制出了一套微机控制系统，使其成为全国第一个实现闭环控制的水电站经济运行计算机控制系统。之后，他又拿出"治好"全国多座水电站获得的几十万元奖励，在华中工学院校园里建立了中国第一座水电站经济运行计算机控制实验中心。

"做学问不能只从一个角度去考虑问题，在多种学科的融合中，思想更加容易碰撞出火花。也只有具备综合素质，才能成大器。"张勇传说。

随着知识经济、信息产业的兴起，1998 年，张勇传在国内率先提出并建立了"数字流域"理论、方法与学科体系，推动了数字技术在我国水科学领域的广泛应用。这也是他近些年的关注重点之一。

耄耋之年，张勇传的思维依然十分清晰。他解释说，"流域"就是河流流过的地方，从大禹治水到李冰修造都江堰，水是生命之源，也孕育和产生了人类文化。"老子说：'道生一，一生二，二生三，三生万物。'有了水，万物都生长起来了。"在他看来，荆楚文化其实就是长江流域的文化，尼罗河则是古埃

▲ 张勇传院士

及文明的发源地。

他提出的"数字流域"，则是利用信息化的技术手段，以自然地理、干支流水系、河道流场、水利工程、经济社会信息等为主要内容，对物理流域进行全要素数字化映射。基于这一构想，张勇传和他的同行们率先开始了"数字清江"的研究，希望通过该平台的建设，为水文预报、防洪减灾、流域综合管理等方面提供真实有效的决策依据。

他以洪水演算为例："发生洪涝灾害时，分洪区如何分洪？救灾路径如何规划？种种问题都可以通过这个平台进行准确计算，寻求一种最优的解决方案。"

在张勇传提出建设"数字清江"后，王光谦院士开发的"数字流域模型"、程国栋院士启动的"黑河流域交叉集成研究的模型开发和模拟环境建设"、王浩院士提出的"流域水量及其伴生水化学、泥沙、生态过程综合模拟"等，无不昭示"数字流域"的发展方向不断拓新。

时至今日，伴随着水利部数字孪生平台基本建成，七大江河数字孪生流域建设相继实施，我国"数字流域"技术的研究和应用已经取得阶段性成效。2023 年 2 月，中共中央、国务院印发《数字中国建设整体布局规划》，明确提出"构建以数字孪生流域为核心的智慧水利体系"，数字孪生流域建设成为智慧水利建设的重中之重。

"我国数字孪生流域建设仍处于起步阶段，还需要持续地投入。"张勇传强调，要进一步推进数字孪生流域建设，以流域为单元提升水情测报和智能调度能力，加快构建智慧水利体系，使之尽快发挥作用，尽早产生成效。

💬 以诗言心，甘做一滴水滋养桃李

"东湖之滨，喻家山下。那里是我的学校，也是我的家。"自 1957 年留校任教至今，3 年助教，18 年讲师，5 年副教授，最后成为教授、院士，60 多年来，张勇传目睹了喻家山从"光秃秃的，连鸟都不飞"到"一片林海"，更见证了在新中国的朝阳中诞生的华中工学院，成长为一所实力雄厚、人才辈出、贡献卓著的一流大学——华中科技大学。

张勇传熟悉校园里的一草一木，曾在一次开学典礼上讲到了华中科技大学水工楼前的那棵桂花树，"它东倾向阳，每年开花两次，清香笼罩着水工楼，它伸出胳膊，像要去拥抱莘莘学子"，"我们看着树苗成长，和树苗一起长大，既树木，更树人"。他以诗言心："此生既结缘于水，就甘做其中一滴。无声地润泽土地，望其能滋养桃李。"

2003 年 7 月，年近古稀的张勇传出任华中科技大学文华学院第一任校长，开创中国高等教育史上院士担任独立学院校长的先河。

由于独立学院投资主体的社会性、办学主体的多元性，长期以来，许多

▲ 张勇传（右三）指导学生

人对其发展持观望态度。张勇传在接受媒体采访时道出了上任的理由："有人说，人到七十，糊涂是一种境界，而我认为，人应该有所作为，要有梦想。"

"聚英才门下，育人个性化。"在张勇传看来，独立学院是我国高等教育大众化的必然产物。他说，他虽是一位院士，但同时也是一名教育工作者，培养人才，使更多孩子有机会接受良好的教育，也是一种责任和使命。

2021年，张勇传荣获首届湖北省杰出人才奖，这是湖北省最高人才荣誉奖项，每4年评1次。颁奖词说："60多年来，他坚守科研和教学工作一线，为我国水利水电领域培养了大批人才。他秉承'献身科学、报效祖国'的信念，为治水兴利倾注心血数十载。"

如今，年近90岁的张勇传虽腿脚不利索，但依然每天早上8点准时到办公室。哪怕没有人搀扶，也会一点点挪过来。他担任着10余名硕、博士研究生的导师，他喜欢和年轻人交流，为他们答疑解惑，告诉他们"大学是为人生打基础的，要全力以赴地学"，常常讲上一两个小时也不觉得疲累。他说："学生们青春、有朝气，在和他们的交流中精神抖擞。"

在华中科技大学出版社编辑章红的印象中，张勇传平易近人，对学生非常和蔼，深具长者风范："每次见先生，或是在学院办公室，或在先生家中，或在水工楼的实验室，每次都能畅谈一两个小时。"

章红是张勇传诗文集的责任编辑。从2010年第一部《张勇传若水诗文选》至今，张勇传已连续出版5部诗集，每一部的名字都与水有关，诗集中对水、对治水的感悟，对与水相关的名言、典故的化用俯拾皆是。

张勇传擅长书法，喜欢诗词，古今诗词信手拈来。他说，诗言志，情融景，多富哲理，风趣幽默，音韵优美，感悟真切，极富魅力又具有明德励志、陶冶性情的教化功能。他尤其喜欢一切与"问"有关的诗词，采访中，他多次引用毛泽东的经典诗词《沁园春·长沙》："'怅寥廓，问苍茫大地，谁主沉浮？'

能提出这样的问题，说明毛泽东的眼光、抱负、胸怀不一般。"

关于问，他旁征博引，从屈原所著《天问》中"女娲有体，孰制匠之"，谈到李清照的"试问卷帘人，却道海棠依旧"；从东汉哲学家王充所著《论衡》，谈到唐代诗人贾岛的"松下问童子，言师采药去"。

《中庸》中有"尊德性而道问学，致广大而尽精微"，讲的是欲学则问，爱因斯坦也说，提出一个问题比解决一个问题更重要，也突出了问。恰如张勇传在《文华学院》一诗中所写："问君何谓文？敏而好学，又不耻下问。"在他看来，学习最重要的方法应该是问，提问题。把学问两个字倒过来，就是问学，"做学问不能人云亦云，要问为什么，通过问弄明白了道理，就学到了；通过问，别人或者书上都没有解答，那就去解决，解决了就是创新、发展。要学好，就要在问字上下功夫"。

"青，取之于蓝，而青于蓝；冰，水为之，而寒于水。"张勇传说，"作为一个大学老师，我希望我的学生能够超过我。"

傅廷栋：

大地黄花分外香

傅廷栋，1938 年 9 月出生于广东省郁南县，油菜遗传育种学家，国家油菜工程技术研究中心主任，现任华中农业大学教授、博士生导师。他于 1995 年和 2004 年分别当选中国工程院院士、第三世界国家科学院（TWAS，意大利）院士，2005—2009 年任国际油菜研究咨询委员会（GCIRC）主席。

20 世纪 70 年代初，他首次发现油菜"波里马"细胞质雄性不育（Pol cms），被国际上认为是"第一个有实用价值的油菜雄性不育类型"，为油菜利用杂交种优势铺平了道路。

20 世纪 80 年代，他提出"杂优 + 双低"育种策略，推动了油菜杂交育种进程。杂交油菜应用与生产的第一个 10 年（1985—1994 年），全世界育成三系杂交种 22 个，70% 以上是利用"波里马"育成的。2001 年美国种植的油菜品种中，61% 是"波里马"杂交种。

投身油菜科研一线 60 年，他获颁国家科学技术进步奖一等奖和二等奖、湖北省最高科学技术奖"科技杰出贡献奖"、第三世界国家科学院农业科学奖、改革开放以来中国种业十大功勋人物、全国脱贫攻坚先进个人等国内及国外一系列奖励和荣誉。1991 年他在加拿大荣获世界油菜学界最高荣誉奖——国际油菜研究咨询委员会"杰出科学家奖"，该奖一般每 4 年评 1 人，从 1985 年设立至今 30 多年，全世界一共有 14 人获奖，傅廷栋是唯一一位亚洲人，也是领奖时最年轻的获奖人。

▲ 傅廷栋院士

春日晴暖，狮子山下的华中农业大学迎来不少踏青的游人，伴着油菜花田中时不时传出的欢快笑声，86岁的中国工程院院士、华中农业大学教授傅廷栋面带笑容，缓步走在南北向的"波里马路"（校庆120周年时学校将国家重点实验室旁的一条马路命名为"波里马路"，以纪念发现国际上第一个有实用价值的油菜雄性不育类型这一重要事件）上。

这里是国内大学校园内面积最大的油菜试验田，也是国家油菜工程技术研究中心、国家油菜武汉改良分中心、农业农村部油菜遗传育种重点实验室、油菜教育部工程研究中心所在地。

从1962年成为我国第一位油菜遗传育种学研究生，1972年发现国际上第一个有实用价值的油菜"波里马"雄性不育类型至今，傅廷栋始终没有离开过这片油菜花田。他所在的团队先后研究培育出80多个油菜品种，累计推

▲ 傅廷栋在油菜田

广种植面积超过 3 亿亩。

一株花，一辈子。他说："一次选农学，一次选油菜，这两个重要的选择，决定了我的一生。"

和上百万株油菜的对视

一块石雕纪念碑，静静地矗立在油菜试验田旁。52 年前（1972 年），正是在这里，傅廷栋首次发现油菜"波里马"细胞质雄性不育，这也是世界杂交油菜发展史上的里程碑事件。

时间回到 20 世纪 60—70 年代，傅廷栋跟随导师刘后利开始油菜育种研究，当时国内油菜每亩产量不足 40 千克，还不到发达国家平均产量的 1 / 3。利用杂交种优势培育更优质的品种，在当时是提高油菜产量最有效的途径，也是傅廷栋选择的主攻方向。

"油菜是自花授粉类植物，雌雄同株，1 枚雌蕊在中间，6 枚雄蕊在旁边，只有找到雌蕊正常而雄蕊退化的油菜，即雄性不育的'母油菜'，才能大量生产杂交种种子。"傅廷栋说。当时，世界各国科学家都在苦苦寻觅雄性不育的"母油菜"，但都没有显著进展，"这是最有挑战的一件事情"。

从 1970 年开始，已留校任教的傅廷栋在校园广袤的油菜试验田、生产田里大海捞针一般反复寻找。油菜的花期只有 1 个多月，在此期间，他几乎将所有的时间都用在了和上百万株油菜的对视中。

1972 年 3 月 20 日——这个日期被永远地刻在纪念碑上，也刻在了傅廷栋的记忆中。

这一天之前，傅廷栋已经和同事们在学校油菜生产大田里逐株找了多天，但都没有收获。3 月 20 日一大早，他像往常一样下田，在学校的试验田资源圃中，种有许多油菜品种资源材料，他在一个个品种小区中仔细观察，走到

▲ 油菜"波里马"细胞质雄性不育类型发现纪念碑

种植了五六行大约 100 多株波里马品种油菜的小区前，突然，一株不寻常的油菜吸引了他的注意。他俯下身细细观察，心中越来越激动，"这株油菜雌蕊正常，雄蕊呈萎缩状态，赶紧用手一捏，雄蕊没有花粉，这是一株'母油菜'！"压抑住兴奋，他反复搜寻了几遍，总共找到 19 株上述表型的植株。

在袁隆平发现水稻雄性不育株后的第七年，傅廷栋发现了国际上第一个有实用价值的油菜雄性不育类型。

但在当时，34 岁的傅廷栋还不知道这一发现，会掀开一场全球范围内的 Pol cms 研究序幕，并将中国送到油菜杂交利用研究领域的世界前列。

"当天晚上，向刘老师汇报，第二天早上我与刘老师到田间鉴定，老师说不错，很有希望。"虽然高兴，但两人也有担心，此前英国、日本等国科学家也发现过一些油菜雄性不育株，但都存在一些缺陷，在生产上无法利用，"这个品种到底能不能用，这个特性能不能遗传下去，还是未知数"。

1973 年，他们将发现 Pol cms 的材料提供国内有关单位共同研究，1976 年湖南省农业科学院首先实现三系配套。此后，Pol cms 被国内外广泛应用于育种实践。1985—1994 年，国际杂交油菜应用于生产的第一个 10 年，中国、加拿大等六国共育成油菜三系杂交种 22 个，其中注明不育系来源的

▲ 1991年，傅廷栋（中）在加拿大荣获世界油菜学界最高荣誉奖——GCIRC"杰出科学家奖"

17个杂交种中，有13个是Pol cms杂交种。目前我国种植的油菜细胞质雄性不育杂交种中，仍有50%以上是用Pol cms育成的杂交种。

1991年7月10日，在加拿大举行的第八届国际油菜大会上，国际油菜研究咨询委员会将"杰出科学家奖"这一最高荣誉授予傅廷栋，以表彰他在发现Pol cms及对发展国际杂交油菜方面做出的卓越贡献。该奖项从1985年设立至今，共计14位科学家获奖，傅廷栋仍是其中唯一一位亚洲学者。

近30个国家和地区的680多位代表出席了为傅廷栋授奖的仪式。大会执行主席、德国科学家勒贝伦教授致辞时说："几十年来，人们都希望利用油菜的杂交种优势来提高产量，但由于缺乏可以利用的授粉控制系统，而没有实现……直到傅教授发现的Pol cms，才首次被国际上油菜育种家广泛应用……欧洲人毫无保留地把这一功劳归功于中国人。"

为什么是中国人，为什么是傅廷栋？面对疑问，傅廷栋将之总结为"必然中有偶然，偶然中也有必然"。他说，如果不了解、不惦记，不在上百万株油菜里专心寻找，不在实践中去观察、研究，就不会发现 Pol cms。

得益于这个"偶然的发现"，油菜杂交种从无到有，实现从"0"到"1"的突破。

💬 "高产量、高品质的产品就是新质生产力"

走进傅廷栋的办公室，目光很容易被"傅氏六件套"吸引。一项黄草帽，一个黄挎包，一双深筒靴，一个绿水壶，一套工作服，再加上一个笔记本，每逢油菜花开的季节，傅廷栋就穿着这套"行头"下田，一待就是七八个小时。

许多华中农业大学学生都对此印象深刻。有一年学校举办了一台文娱晚会，有个节目是人物模仿秀，表演者别出心裁，把"傅氏六件套"披挂上台，刚一出场，就迎来如雷掌声。

这几年，由于年岁渐大，加上学生们反复劝说，傅廷栋减少了下田的时间。但在油菜花期，他每天依然习惯性地在油菜地里来来回回地转悠，不厌其烦地观察和记录油菜花的长势和抗逆性，"不育系有没有花粉？长势如何？抗病性如何？每一项都要记下来"。办公室的几排书柜中，摆满了大尺寸的傅廷栋笔记本，"几十年的本子都有"。

"这一株是雄性不育，旁边的这株是普通油菜，两种材料种在一起，就会配出'骡子油菜'，给农民增产。"带着记者走在熟悉的油菜花田中，傅廷栋不无自豪地介绍，"每隔几行就是一种材料，这块地有几千种材料。"从材料到品种，傅廷栋将选油菜"优等生"的过程形容为"冠军选拔赛"，"就像体育比赛一样，好的苗子参加市队、省队、国家队，最终从中挑选出冠军选手"。

为了更好地挑选出"冠军选手"，20世纪80年代初，傅廷栋赴德国学习油菜双低（低芥酸、低硫苷）育种。回国后，他立即向农业部提交报告，提出"杂优＋双低"育种策略，这成为此后几十年我国油菜育种的主要发展方向。

1992 年，他主持育成我国第一个低芥酸油菜三系杂交种"华杂 2 号"，1994 年育成第一个双低冬播油菜三系杂交种"华杂 3 号"，此后又育成"华杂 4 号""华协 1 号""华油杂 62 号"等十五个双低油菜杂交种，累计推广种植面积约 1 亿亩。

据农业部全国农业技术推广服务中心公布的数据，1999 年和 2001 年全国推广种植面积最大的 10 个油菜品种中，傅廷栋育成的就有 2 个，其

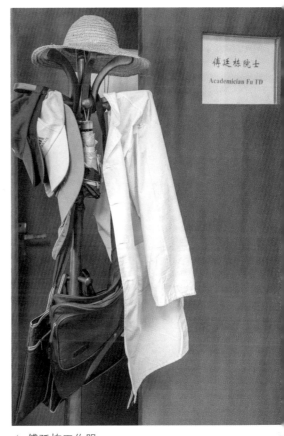

▲ 傅廷栋工作服

中"华杂 4 号"2001—2004 年连续 4 年为全国推广种植面积最大的油菜品种。

油菜根肿病被称为"十字花科的癌症"，可使平均产量损失 20% ～ 30%，严重田块产量损失达 60% 以上，甚至"颗粒无收"，农户闻之色变。

2010 年，傅廷栋根据油菜根肿病在四川已经发病 300 万～ 400 万亩的现状，预测其会很快向长江流域蔓延，建议刚从海外归国的张椿雨博士开展抗根肿病育种。截至目前，傅廷栋团队育成的我国首批抗根肿病油菜品种"华双 5R"和"华油杂 62R"等，已在全国大规模推广种植，防病效果突出。

"有农户说，抗根肿病油菜种挽救了我们的油菜产业。我听了很高兴。这不

▲ "华油杂62R"

就是新质生产力吗？"傅廷栋说。

在傅廷栋看来，我国在油菜育种方面有3次大的变革。一是甘蓝型油菜替代白菜型油菜，让油菜产量提高了1倍；二是大力培育推广双低杂交油菜，目前我国双低杂交油菜种植面积约占我国油菜总种植面积的70%；三是进一步提高油菜含油量、抗病性，并拓展油菜的多功能研究和利用。

如今，油菜已经成为我国的第一大油料作物，我国每年生产食用植物油约1200多万吨，菜籽油占一半以上。过去的菜籽油品质差、出油少，芥酸含量高，如今的双低菜籽油和橄榄油相当，高油酸、双低品种的菜籽油甚至比橄榄油还要好。

细数中国油菜种植面积从不到3000万亩增长到1亿多亩，亩产量从过去的30～40千克增加到130～140千克，总产量提高了10多倍，品质大幅提升，傅廷栋心中无比自豪。

"高产量、高品质的产品就是新质生产力。"他感慨，"通过一代代科学工作者的努力，油菜的产量和品质大幅提升，这不就是科学的力量吗？科学技术是第一生产力，这是完全正确的。"

让盐碱地开满油菜花

与傅廷栋院士见面的前一天，他刚刚出差回来，再隔一天，又要出差去看现场。新疆、内蒙古、吉林……每次出差，多是几个小时的飞机或更长时间的高铁。年过八旬，为什么还这么拼？面对疑问，傅廷栋说："时间不多了，能够做一点事情就多做一点事情。"

油菜的多功能利用，是他近年来最关注的话题。

从 1999 年到现在，每年油菜花开的季节，傅廷栋都会到甘肃省和政县，穿着胶鞋、戴着草帽，走过一垄垄的油菜地。

和政县位于甘肃省临夏回族自治州南部，地处青藏高原与黄土高原交汇地带，曾因贫困程度深、贫困面广、贫困人口多，被纳入国家扶贫开发工作重点县。这里雨水充沛，气候凉爽，海拔在 1900 ~ 4368 米，也是傅廷栋心中双低杂交油菜夏繁的理想地。

傅廷栋在和政县发现，每年 7 月小麦收获之后，地里就不种庄稼了。但在 9 月底温度下降之前，当地的雨水依然比较多，光热条件也比较好，就形成了长达两三个月的秋闲田。

与此同时，他了解到，当地的牛羊在秋冬季节缺少饲料。他就此提出，可以利用秋闲田复种饲料油菜，虽然不能成熟收菜籽，但每亩可以增收超 3 吨的青饲料，按照肥育一头羊羔每年消耗 1 吨青饲料计算，每亩秋闲田可供肥育 3 头羊羔的青饲料。

在他看来，利用秋闲田种植油菜还有许多益处，"防风固沙、保持水土，翻耕做绿肥可以改良土壤的结构，提高土壤的肥力"。

2003 年，这一研究成果通过了农业部组织的专家鉴定，又逐步扩大了示范和推广的范围，2017 年被农业部列入主推技术。傅廷栋算了一笔账：我国西北、东北地区有 4000 万 ~ 6000 万亩秋闲田，如果其中的 2000 万亩用来种植油菜，即可提供肥育 6000 万头羊羔生长所需的青饲料。

自 1999 年首次建立油菜种植基地以来，和政县的油菜种植面积从 2.5 万亩快速扩大到 2020 年的 15 万亩，占全县农业产业半壁江山。自 2004 年举办第一届油菜花节之后，油菜花观光旅游也已成为和政县发展特色产业新的亮点。

山美了，农民富了，2020年2月，经甘肃省脱贫攻坚领导小组审定，和政县符合贫困县退出条件，批准退出。"油菜花成为群众脱贫致富的'金色产业'。"傅廷栋说。同年，他被甘肃省委宣传部授予"感动甘肃，陇人骄子"称号。

研究油菜60余年，傅廷栋自称有两个"想不到"。

一是想不到油菜做饲料的品质这么好。湖北省潜江市的一家饲养场的试验数据令他大吃一惊：在普通饲料的基础上，每头牛每天增加3～5千克饲用油菜，55天后，相比食用普通饲料的牛，平均增重28%～32%，"相当于一天多长10元钱的肉"。同样的情形还发生在养鹅和养羊场中。

此外，饲养的试验证明，喂食饲料油菜的公牛、公羊增精效果显著。经湖北畜禽育种中心、白城市畜牧科学研究院试验证明，公牛、公羊产精量增加12%～30%。长春新牧科技有限公司种公牛场，利用油菜做青贮饲料两年后，种公牛的精液产量提升了22%，成本降低了近30%。傅廷栋对比分析后发现，油菜中与增加精液有关的氨基酸、B族维生素、钙、锌含量都远远超过了胡萝卜。

另一个想不到是油菜的耐盐碱能力特别强。

华中农业大学在国内最早开始油菜耐盐碱能力研究。2007年，傅廷栋团队在江苏省盐城市大丰区的一片盐碱滩涂地试种了300亩"华油杂7号"油菜品种，产量高于全国平均水平。他回忆："一旁种植的小麦几乎颗粒无收，油菜却长得很好，我很高兴。"

2010年之后，傅廷栋组织团队的一批年轻硕士、博士研究生开展了耐盐碱油菜资源筛选、机理及基因定位等相关研究，从3000多份油菜资源中筛选出40多份耐盐碱材料，先后筛选、育成"华油杂62""饲油2号""华油杂

▲ 傅廷栋（前排左二）指导学生做考察

158"等第一批耐盐碱能力强、适应性强的"冠军选手"，并应用于生产实践。

目前，耐盐碱油菜在西北内陆盐碱地、东北苏打盐碱地及南方沿海氯化钠为主的盐碱地大面积示范种植，耐盐碱能力都很突出。多次现场会专家评议认为，耐盐碱油菜耐盐碱能力强、改良效果好、利用方式灵活，是修复、改良、利用盐碱旱地最有优势的大田作物。

"我最希望在耐盐碱油菜新品种上取得突破。"人到暮年，傅廷栋依旧为自己心中的目标奔走忙碌。他说："我们有18亿亩的耕地红线，但我们还有15亿亩的盐碱地，占世界总量的10%，其中5亿亩具备开发利用潜力，即使只改造2亿亩，在修复培肥土壤、扩充耕地总量、强化国家粮食安全保障等方面都具有重要意义。"

💬 两次正确选择，坚定了为农业干一辈子的决心

从傅廷栋办公室的玻璃窗望出去，200 亩油菜花田仿佛一幅吴冠中笔下的风景画。在傅廷栋眼中，每年的油菜花都不一样。2024 年，由于平均气温高，油菜花开得比往年早了许多。他笑着告诉记者，因为自己 60 多年都是在油菜花田边度过的，"我夫人有时候说我不爱她，我就爱油菜花"。

傅廷栋并不是一开始就爱上油菜花的。

1938 年，傅廷栋出生于广东省郁南县连滩镇，因为爱好文学，他在初中毕业时想考师范学校，"想做老师或文学家"。然而当地只有一所学校——广东省喜泉农业职业学校（现肇庆市工程技术学校，以下简称"农校"），而且不收学费，虽然对学农没有认识，他还是报考了农校，从此和农业结缘。

从农校毕业时，傅廷栋刚满 16 岁，被分配到广东中山县农业局横栏区农业技术推广站工作，农民称他为"同志仔"。当时农村成立了很多农业生产互助组和合作社，他也跟着同事们一起住进了农民家里。正是这一时期，珠江三角洲发生历史上罕见的螟虫大灾，大部分稻田损失惨重甚至颗粒无收。时隔半个多世纪，傅廷栋还记得一位老农坐在田头落眼泪的情景，"心里难受极了。农民需要技术，农民需要我们，我更坚定了学好农业的决心"。

1956 年，为了适应国家建设的需要，国家动员在职干部报考高等学校，深感知识储备不够的傅廷栋报考了华中农学院农学系。1962 年，已经毕业留校的傅廷栋考取著名油菜遗传育种学家刘后利的研究生，成为新中国第一位油菜育种专业的研究生。

作为中国油菜遗传育种学奠基人，刘后利的学生遍布我国油菜领域。除傅廷栋院士外，油菜遗传育种学家、中国工程院院士王汉中也是刘后利的学生。傅廷栋在谈到自己老师时常说："我只是华中农业大学十字花科（油菜属于十字花科）的'副（傅）科长'，'正科长'是刘后利教授。"

　　刘后利注重实践，喜欢带着学生们下田。在油菜播种、杂交、选株以及田间取样观察等环节中，他都亲自给学生和助手做示范。即使是古稀之年，每年播种、收获时，他都仍然和年轻人一起亲自动手。

　　"窝在实验室解决不了田间的问题，搞育种不下田不行。"老师的谆谆教导，傅廷栋铭记于心。在自己成为老师后，他言传身教，带出了一支在国内外有重要影响的油菜研究团队，并先后多次获国家科学技术进步奖一、二等奖。

　　根据中国农业科学院农业信息研究所和国家农业图书馆收集的1995—2018年世界十字花科作物育种领域论文发表情况统计，我国在十字花科育种领域外文论文发表量排名世界第一；按发文单位统计，华中农业大学名列全球发文单位第一位。"我国油菜育种研究跃居国际先进水平。"傅廷栋不无自豪地说。

▲ 2003 年，傅廷栋（左）荣获第三世界国家科学院（TWAS，意大利）农业科学奖

　　他坚持在田间地头、生产一线培养学生、培育团队。有记者去华中农业大学采访，在油菜地里了转了一圈后才惊讶地发现，之前侧身而过的"老农民"正是傅廷栋。他的学生们说："傅老师不在办公室，就在油菜田。"他则自我调侃，"因为下地多，身体还不错"。

　　1999 年，傅廷栋从芥菜型油菜中再次发现了一个新的芥菜细胞质雄性不育材料。有国外同行诧异地问他："发现油菜'波里马'细胞质雄性不育的是您，发现新的芥菜细胞质雄性不育又是您，有什么窍门吗？"傅廷栋说："农业研究必须多下田，多到生产实际中去。只有在实践中，才能发现问题、解决问题。"

　　因为学农艰苦，就业压力大，近年来，我国涉农类高校招生面临诸多困难和挑战，报第一志愿学农的考生人数不断下降。傅廷栋看在眼里，急在心里。每年只要没有出差，他都会参加学校新生入学教育。在给新生上开学第一课时，

▲ 傅廷栋（左三）指导学生

他会结合自己选择农校、从事农业、研究油菜的经历，提醒学生们农业的重要性，鼓励他们爱农、学农。

最近几年，傅廷栋先后出版《农田里的科学魔法》《西游后记：漫游农业》等科普读物，将科普与文学结合在一起，寓知识、趣味、幽默于一体。他用写这些科普读物的案例启发学生们：兴趣是可以培养的，也是可以整合的，专业与兴趣的整合会更有特色。

"人生易老天难老，岁岁沙洋，今又沙洋，大地黄花分外香；一年一度春风劲，处处春光，无限风光，荆楚山河换新装。" 10 多年来，傅廷栋每年都应邀出席荆门沙洋油菜花节。2022 年，湖北沙洋举行油菜花旅游节，面对一眼望不尽的油菜花海，傅廷栋用夹杂着湖北口音的广州乡音，兴奋地吟出了这首词。

从广东出发到湖北，又从湖北到西北、西南、东北，傅廷栋像一位"追花逐蜜"的养蜂人，将足迹印在每片油菜花开的土地上。他说："搞农业研究虽然辛苦，但苦中有乐，我们要乐在其中。"

张联盟：

走到梯度材料研究最前沿

　　张联盟，功能梯度复合材料专家，武汉理工大学材料学科首席教授，主要从事先进复合材料研究。他1955年1月出生于湖北省天门市，1986年获武汉工业大学（现武汉理工大学）材料学工学硕士学位，1997年获日本东北大学材料物性学工学博士学位，2017年当选为中国工程院院士。

　　作为梯度材料领域的著名专家和学术带头人之一，30多年来，他率领团队对梯度材料进行了长期不懈的基础研究与应用开发工作，在梯度材料的功能创新、设计理论、结构控制与制备等方面，取得了国际瞩目的研究成绩，为国防建设与技术创新做出了突出贡献，成绩斐然。

　　他率领团队创新、发展的具有完全自主知识产权的系列梯度复合技术，既是武汉理工大学材料复合新技术国家重点实验室的主要特色研究与发展方向，又是重点实验室三大制备新技术创新平台之一，取得的科技创新、人才培养、基地建设等突出成果为学校材料学科在教育部第四轮学科评估中获得优异成绩并入围"世界一流学科建设计划"，做出了重要贡献。

他主持并高质量完成了包括我国首个863高技术项目在内的数十项梯度材料的基础研究与工程应用项目。先后以第一完成人获国家技术发明奖二等奖1项、国家科学技术进步奖二等奖1项、省部级科技一等奖4项；发表SCI收录论文400余篇，授权国家发明专利60余项。

▲ 张联盟院士

▲ 张联盟在实验室

湖北省博物馆"镇馆之宝"越王勾践剑，被誉为"天下第一剑"，这把被埋藏了 2000 多年依然锋利如初、光洁如新的宝剑，令无数参观者流连忘返。

一把青铜剑，如何能历经千年不锈？研究人员在科学检测后发现，铸剑师用最上乘的材料打造了这柄勾践剑，并在铸剑之初就考虑了表基的硬度变化，在此基础上设计了不同的防锈方案和光泽性能。

"梯度材料的概念就隐藏在老祖宗的智慧中。"功能梯度复合材料专家、中国工程院院士张联盟说。怀抱着"带着祖先的智慧，走向深空深海"的朴素愿望，30 多年来，他率领团队针对我国多个国防重点工程和高技术领域对梯度材料的极端、苛刻要求，展开了艰难攻关，为我国战略武器、潜艇、高速舰船、航天飞行器等领域的发展做出了突出贡献。

💬 发扬祖先的智慧，专注梯度材料

张联盟介绍，功能梯度材料是一类通过组成、结构、形态随空间和时间呈规律渐变，带来性能随之相应增强，进而实现多种特殊功能，如热应力缓和、准等熵加载、能量传递与调控、生物相容等，具有结构 – 功能一体化特征的先进复合材料。

与传统的复合材料相比，功能梯度材料具有可靠性高、性能稳定等优势。近年来，随着相关技术突破、下游需求升级，功能梯度材料应用领域不断扩展，在热核能源、航空航天、船舶工程、机械加工、光学器件、生物医学等多个国防、民用高新领域获得广泛、重要应用。

对大部分读者来说，功能梯度材料是一个非常陌生的词汇，但这一概念并非无中生有。恰如西班牙建筑师安东尼·高迪所说，"世间本没有创造，因为万物早就存在于自然之中了。所谓创造，就是回归本源"。事实上，自然界中可以轻而易举找到梯度材料的身影。

例如我们所熟悉的贝壳、竹子等，就是大自然造就的功能梯度材料，它们内部的组织和结构均呈连续的变化，与之相伴的性质和功能也呈梯度状的连续变化。动物的骨骼同样是一种典型的梯度结构，外部坚韧，内部疏松多孔。"大自然中的大多数材料都不是均匀的，梯度变化的结构可以赋予材料很多'神奇'的功能。"张联盟在一次公开讲座上说。

工匠们很早就学会利用这一思想来铸造工具和兵器。除大名鼎鼎的越王勾践剑外，在日本出土的一把长剑上，也可以看见剑锋、刃部和主体的颜色是不同的，这说明成分不尽相同。近代科学史上，美国、德国、日本等发达国家都先后运用了这一思想。20 世纪 80 年代，为解决在设计、制造新一代航天飞机的热保护系统时出现的一系列疑难问题，日本著名学者平井敏雄首

国家科学技术进步奖
证书

为表彰国家科学技术进步奖获得者，
特颁发此证书。

项目名称：宽温、宽频高模量压电阻尼复合材料
成套制备技术及其典型工程应用

获 奖 者：张联盟

奖励等级：二等

证书号：2013-J-214-2-02-R01

▲ 张联盟荣获国家科学技术进步奖二等奖的证书

次正式提出了梯度材料的概念，紧随其后，武汉工业大学袁润章教授在国内提出梯度材料的设计思想和技术原理。

站在两位老师的肩膀上，张联盟投身梯度复合材料的开拓性研究，主持并高质量完成了包括我国首个863高技术项目在内的数十项梯度材料的基础研究与工程应用项目。

"我们如何将古人的智慧、自然界的智慧，应用到现代社会发展中，应用到现代材料中？"这是张联盟一直在思索的问题，"我们要探索宇宙，探测深海深空，在这种极端特殊的空间环境里，离不开梯度材料的支持，我们就是要发扬祖先的智慧，研究各种各样的梯度材料。"

在梯度材料领域，张联盟实现了一系列国际瞩目的创新突破。

他率先将"梯度化"创新思想引入到复合材料中，建立了波阻抗梯度材料（梯度飞片）的物理设计优化、可控制备技术与结构控制方法，研发出梯度飞片的工程化成套设备与生产线，建成国内唯一的不同系列梯度飞片的科研、生产基地。研制的梯度飞片产品成功应用于国家重大任务，支撑创建我国极端动高压加载平台，大幅提升了动高压加载能力。

他提出"多重能量耗散"阻尼材料的创新设计思路，发明复合阻尼功能新体系，建立了成套制备方法与应用技术，制定了生产工艺规范、质量检测标准，形成了年产100吨的供货能力。研发的结构强度和阻尼性能兼优的高模量压电阻尼复合材料与构件，实现了在宽温、宽频域内的减振降噪，在水面、水下舰船的隔振轴承、轴套等关键构件和航天运载器、高铁等重载减振工程中实现了批量应用。

他先后开发出异相颗粒共沉降、薄带流延成型、异种材料超薄精密连接、物理约束超临界微发泡、核 – 壳包覆一体化共烧、原位可瓷化、表面超强化等系列制备技术，辐射应用于泡沫隔音与防火墙板制备、超细粉体处理与料浆制备、陶瓷与金属低温烧结、耐烧蚀强韧涂层制备等领域。他研制的电网级储能长效高温密封材料、高强 / 高韧涂层刀具、电磁屏蔽泡沫材料、可加工复相陶瓷、电子封装材料等多系列、高性能复合材料，在航天航空、化工制药、高端制造等国民经济重点领域实现了转化与推广应用。

正是得益于以张联盟为代表的科技工作者的努力，目前，我国包括梯度材料在内的先进复合材料产业历经起步与迅猛发展阶段，已经取得显著的经济和社会效益。伴随科技日新月异，产业链愈加完备，我国在此领域的影响力和地位亦持续攀升。"我可以非常自豪地讲，中国的复合材料国际领先，位列第一梯队。"张联盟说。

钉牢一颗再钉下一颗，把"冷板凳"坐热

数据显示，每项国家科学奖的背后，都是科学家们平均 16 年的"坐冷板凳"。习近平总书记指出，要"甘于坐冷板凳，勇于做栽树人、挖井人，实现前瞻性基础研究、引领性原创成果重大突破"。

择一事，终一生，这种"甘于坐冷板凳"的精神贯穿了张联盟的科研生涯。1978 年，张联盟从武汉建筑材料工业学院（武汉工业大学前身）复合材料专业毕业，1986 年获武汉工业大学材料学工学硕士学位，1997 年获日本东北大学材料物性学工学博士学位。彼时，日本东北大学材料学科排名居全

球第一，平井敏雄也在此执教。留学期间，日本导师曾多次挽留张联盟，希望他能够留日工作，均被他谢绝。

在母校武汉理工大学，张联盟从零起步，创建了中国首个功能梯度材料研究室。

武汉理工大学虽然是国内最早设立材料学专业的学校之一，材料学科底蕴深厚，但起步阶段的功能梯度材料研究室条件艰苦，设备落后，人手不足，加之这个领域难度大、要求高，技术上遭遇国际封锁，很多科研人员都先后改变研究方向，选择了其他更热门的新兴领域。但张联盟却始终瞄准功能梯度材料及其在国防科工和民用高科技中的应用，不偏移、不跟风、不动摇，带领团队攻克一个个技术难关，一步一步地走到了梯度材料研究的国际最前沿。

张联盟性格中有一股"钉钉子"的韧劲。他说："建校难、科研难。但把我安排在任何位置，我都必须要完成党和国家交给我的任务。"而这种钉牢一颗再钉下一颗，稳扎稳打、锲而不舍的韧劲的养成，与他年轻时乡村生活的磨砺是分不开的。

张联盟出生于湖北省天门市的一户农民家庭。这是一座位于江汉平原北部的小城，因连续多年培养了湖北省的高考状元，有着"状元之乡"的美誉。张联盟自幼成绩优异，顺利地考入当地最好的天门高中。毕业后，他当过老师，做过生产队长。村里人觉得这个"年轻娃"有文化、靠得住，很多困难的事情都交给他去办。

1974年，在被推荐进入武汉建筑材料工业学院学习之前，年仅19岁的张联盟获选村里的水利大队长，带着200多名青年前往邻县汉川挖堤修坝。起初，面对艰苦的工地环境、性格各异的"农村娃"，张联盟一时无从下手，他所带领的小队由于完不成任务而受到批评。

经过几天的观察琢磨，张联盟想出了 3 条"妙招"："隔几天改善一下伙食，吃饱吃好；早上可以晚点起，但必须完成当天的定额任务；早完工的可以提前回驻地休息。"队员们一致响应，很快，这个小队成为了工地上每天完成任务最快、收工最早的队伍。

张联盟常说："做研究不能畏难，有难度才有价值。"他勇于挑战，也善于解决问题。1995 年，时任武汉工业大学材料复合新技术国家重点实验室第一研究室主任的他带着当时刚刚硕士毕业留校的沈强来到中国工程物理研究院，汇报沟通研究前景及合作事宜。整整两天两夜不眠不休，张联盟凭借扎实的研究成果和国际前沿的科技水平，打动了中国科学院院士经福谦，由此进入国防工程研究领域，在一个全新的领域开始了合作研究，良好的协作关系一直持续到今天。

在日本东北大学求学期间，张联盟表现优异，在他的不断努力和促成下，该校的金属材料研究所与武汉理工大学新材料研究所建立起良好的合作关系，特别是在材料学科领域为武汉理工大学培养了一大批学术骨干。在此基础上，两校于 2001 年签订了校际全面合作协议。

时至今日，张联盟作为主要牵头人建设的武汉理工大学材料科学与工程学科，已成为国内功能梯度材料研究领域的一支中坚力量，也是国内研发、生产梯度材料和开展国际合作交流、人才培养的重要基地。其创新发展的具有完全自主知识产权的系列梯度复合技术，既是武汉理工大学材料复合新技术国家重点实验室的主要特色研究与发展方向，又是重点实验室三大制备新技术之一。

"历经千辛万苦，张老师始终初心不改，建成了世界一流的国家级科研基地。"现在，已成长为武汉理工大学材料复合新技术国家重点实验室研究员、博士生导师的沈强在接受媒体采访时感慨。

▲ 张联盟为湖北隆中实验室揭牌

2017 年底，张联盟当选中国工程院院士。在接过院士证书的那一刻，时年 62 岁的他感慨：“双手沉甸甸的，更多了一份责任。”

“自豪而不自满，决不躺在过去的功劳簿上。”“以前的成绩和荣誉只能代表过去，逆水行舟，不进则退，我们唯有奋进有为。”近年来，聚焦先进材料在汽车交通、重大工程、高端装备领域应用的关键技术瓶颈突破和创新能力提升，张联盟出任湖北隆中实验室主任，在“缺乏场地、缺乏人员、缺乏仪器设备”的情况下重新出发。

2024 年 5 月，湖北省对外发布了 20 项湖北实验室标志性成果，湖北隆中实验室两项成果入选。“只要坚持就一定有成果，一步一步往前走。”张联盟说。

一生倾注"材料"，冶炼国家之栋梁

功以才成，业由才广，人才是科技创新的主要驱动力，是科技和产业变革的关键，也是推进科技创新的基石。在精钻科研的同时，张联盟于 1997 年出任武汉工业大学材料科学与工程学院院长，并随后任职校长助理；2000 年担任武汉理工大学副校长，主管学校的学科建设、科研产业、研究生教育等行政工作。在他心中，培养人才、引进人才同样至关重要。

武汉科技大学金属材料专家吴传栋曾是张联盟所在课题组的博士生，在他的印象中，张联盟在学术研究上注重细节，追求完美，对实验产品的精度、平整度等要求非常高，但为人却很有亲和力，和学生分析问题时既能抓住要害，话语也不尖锐，容易让学生接受。他在接受媒体记者采访时回忆："有次我在实验室待晚了，碰到张教授来巡检，他细言细语地和我聊了很久，令我很感动。"

"最终选择回到母校，是张老师的人格魅力吸引了我。"武汉理工大学材料复合新技术国家重点实验室教授涂溶说。作为涂溶的本科导师，张联盟亲自推荐他去日本东北大学深造，攻读硕士和博士学位，从确定留学方向到联系留学导师，都是在张联盟的帮助下完成的。旅日 16 年后，涂溶响应张联盟的召唤，回到祖国，成为团队的骨干力量。

目前，实验室教师骨干中 90% 以上的成员是党员。在团队成员们眼中，张联盟

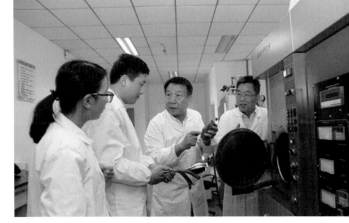

▲ 张联盟（右二）科研实践教学

▲ 张联盟给孩子们做科普讲座

是"最有亲和力的'大掌柜'"。而相比院士、院长、校长等，张联盟也更喜欢"老师"这个称号，每每攻克一个重大难题，和团队成员们轻松地聚一聚、聊一聊，是他心中最快乐的事情。

他注重创新教育理念的实施，倡导研究型、互动式教学方法的改革，主持教学改革项目 6 项，组织领导了材料科学与工程一级学科国家级实验教学示范中心和国家级教学团队的建设，相关教改成果 2005 年获国家级教学成果二等奖。

此外，他还主编教育部高等教育百门精品课程教材建设计划教材、"十一五"国家级规划教材《材料科学基础》、"十五"国家级规划教材《材料学》、专著《复合材料产品设计》等重点图书，2008 年被授予"国家教学名师"荣誉称号。

在他的倡议下，武汉理工大学开设了"建材工程硕士班"和"在职博士班"，加大对建材建工从业人员的学历、技能培训，为我国建材建工行业输送了大量人才。由于张联盟的突出贡献，2014 年他获评"全国建材行业科技创新领军者"。

他全力推动科创、科普两翼齐飞，利用宝贵的休息时间，为本科生开设认识武汉·大国工业公选课，多次为青少年做科普报告，使他们对新材料发展和我国材料产业有了全新的认识，更激发了同学们追求科学、奋勇攀登的热情。

"竞争就是科技，未来就是人才。抓住重点，将来才有希望。"年近古稀，张联盟依然奋战在育人第一线，他说现在的自己主要做"教练员"，"虽然眼睛看不清，耳朵也不太灵光，但我知道哪些能做，哪些不能做，哪些是最新的东西，哪些是最重要的东西。"

桂建芳：

追寻"完美鱼"

桂建芳，1956 年 6 月生于湖北省黄梅县，鱼类遗传育种学家、中国科学院院士、发展中国家科学院院士，中国科学院水生生物研究所研究员、博士生导师。

他长期从事鱼类遗传育种相关的发育遗传学基础和生物技术研究，于 2008 年和 2018 年先后培育出生长速度快、饵料利用率高以及抗病力强的水产新品种异育银鲫"中科 3 号"和"中科 5 号"，揭示出两个品种培育形成的机制。作为淡水养殖的主导品种，这两个新品种已在湖北、江苏、广东等全国绝大多数省份推广养殖，占到了鲫鱼主产区产量的 70% 以上，创造了几百亿元的重大社会经济效益。

他还首次鉴别出黄颡鱼 X 和 Y 染色体连锁的遗传标记，由此开拓出一条 X 和 Y 染色体连锁标记辅助的全雄黄颡鱼培育技术路线，获发明专利授权，协助培育出水产新品种黄颡鱼"全雄1号"。作为中国首个性控育种水产新品种，黄颡鱼"全雄1号"已在10多个省市推广养殖，效益显著。

作为基础和应用研究皆有建树的科学家之一，桂建芳的学术成就、科技贡献和敬业精神得到了广泛认可。他曾获国家自然科学奖、中国青年科技奖、中国科学院青年科学家奖一等奖、香港求是科技基金会杰出青年学者奖、全国五一劳动奖章、全国先进工作者、何梁何利基金科学与技术进步奖、湖北省科学技术突出贡献奖等。

▲ 桂建芳院士

▲ 桂建芳（左）向学生介绍"中科 3 号"和"中科 5 号"

一条鲫鱼，30 多年不涨价，年总产量从不足 5 万吨上升到近 300 万吨。鲫鱼"跃"上千家万户的餐桌背后，离不开鱼类遗传育种学家、中国科学院院士桂建芳的努力。

"要让每个中国人都吃得起鱼。"自 1984 年加入中国科学院水生生物研究所至今，桂建芳怀揣这个朴素的梦想，专注鱼类遗传育种 40 年，先后培育出异育银鲫"中科 3 号""中科 5 号"等水产新品种。如今，中国人吃到的每 10 条鲫鱼中，有 7 条都与这位"鱼院士"密不可分。

💬 一棒接着一棒跑，让老百姓吃得起鱼

"四十年前上珞珈，求学问道喜成家。从此小鱼游科海，也效鲲鹏展芳华。"2018 年 8 月，高产异育银鲫新品种"中科 5 号"正式推出两个月后，桂建芳院士当选为武汉大学第八届杰出校友，听闻获奖消息后，他写下了这首简短的诗。

他与银鲫结下不解之缘，正是从武汉大学开始。"银鲫是一种令人感兴趣的鱼。"桂建芳说。在武汉大学遗传学专业读研究生期间，他相继做了 30 多种鱼的染色体研究，意外地发现银鲫有 150 多条染色体，是其他鱼类的 3 倍，"这意味着它是多倍体，可能经历了两次加倍，当时就觉得很神奇"。

从显微镜下观察到银鲫的奇异之处后，在长江边长大的桂建芳便对这种银白色的淡水鱼萌生了探究之心。在毕业答辩会上，他的研究得到了时任中

国科学院水生生物研究所遗传育种研究室主任蒋一珪的认可，并应邀加入其团队，正式开始多倍体鲫的遗传育种研究。

当时，蒋一珪团队在鲫鱼的研究方面已经取得突破，发现银鲫可以单性雌核生殖，并以方正银鲫为母本、兴国红鲤为父本进行人工授精，培育出了生长速度快、抗逆性强、耐低温低氧的异育银鲫。

1985年，桂建芳加入中国科学院水生生物研究所的第一个年头，异育银鲫及其应用研究获国家科学技术进步奖二等奖。站在前人的肩膀上，桂建芳专注研究银鲫，足迹遍布全国的大江大河，时常行车几百千米，从一个湖泊赶到另一个湖泊采样，用分子标记进行遗传评价。

经过10多年的研究，桂建芳发现了银鲫更多的神奇之处。他将银鲫形容为鱼类中的"女儿国"，即在一些天然水体中，银鲫完全由雌性个体组成，以单性雌核生殖繁衍后代，"也就是说当它们的卵子与其他鱼类的精子受精时，启动雌核生殖，生育出与母体一模一样的全雌性后代，就像'女儿国'"。

但更令人惊奇的是，在单性生殖之外，银鲫还会"偷"一些其他鱼类的基因过来，将其他鱼类精子的染色体组、染色体片段或微量遗传物质并入到卵核中协同发育。这一在脊椎动物中首次发现的特殊现象，引起了国际专家高度关注。"多重生殖方式提高了银鲫的遗传多样性和适应环境的能力，也让我们意识到，可以利用这种特性，进行银鲫优良品种的创制和选育。"桂建芳说。

2008年，桂建芳原创银鲫育种技术路线，培育出由雄核发育产生的异育银鲫"中科3号"，获全国水产原种和良种审定委员会颁发的水产新品种证书。作为异育银鲫的第三代新品种，跟普通鲫鱼相比，"中科3号"不仅吃起来口感更好，而且生长速度平均快20%，出肉率高6%，且成活率高。

作为国家大宗淡水鱼类产业技术体系推介的第一个水产新品种和农业部连续多年来推介的渔业主导品种之一，自2009年开始，"中科3号"迅速"游"

▲ 桂建芳（左）在湖泊采样

向全国，成为鲫鱼养殖中最主要的品种。

然而，对中国的鱼类育种研究而言，"中科3号"的推出，不仅仅是开发了一个广受欢迎的鲫鱼新品种，更重要的是通过研究鱼类性别形成的遗传机制及其雌雄差异的遗传标记，开拓出了一条X和Y染色体连锁标记辅助的全雄鱼培育技术新路线，开创了鱼类性控育种的新思路。

此后10年，桂建芳率团队在鱼类遗传育种领域继续攻关，于2018年培育出高产异育银鲫新品种"中科5号"。"'中科5号'是用团头鲂父本精子与银鲫母本卵子进行'交配'产生的。"在桂建芳看来，与"中科3号"相比，"中科5号"具有两大明显优势：一是在低蛋白的饵料系数下生长速度提高18%，降低了养殖成本，"用老百姓的话说，吃得更'贱'一些，有利于水体的净化和保护"；二是抗病能力较强，成活率平均提高20%。

截至目前，在我国鲫鱼养殖中，"中科3号"和"中科5号"占鲫鱼主养区产量的70%左右。这意味着中国人食用的每10条鲫鱼中，就有7条出自桂建芳团队。

"20世纪80年代，鲫鱼全国年产量不到5万吨，最近十几年都维持在270万～280万吨，甚至还上升到过300万吨。"桂建芳回忆，他刚刚到中国科学院水生生物研究所工作时，市面上的鲫鱼每斤卖8～10元，1个月的工资只买得起几斤鲫鱼，而如今市场上，鲫鱼的价格并没有太多的变化，几乎所有家庭都能消费得起。

"水生所 50 年来一直在研究鲫鱼,我们的研究和老百姓的生活息息相关。" 他不无自豪地感慨,创新就是一棒接着一棒跑,几代科学家接续努力,带动了鲫鱼养殖产量的提升,也有效地缓解了老百姓的吃鱼难问题。

💬 精准育种,培育 "少刺鱼"

40 年专注研究 "一条鱼",桂建芳爱吃鱼,却不爱钓鱼。他自称钓鱼是外行,主要是不够有耐心,"花半个小时甚至一个小时来等鱼上钩,感觉时间被浪费了"。

作家张爱玲曾说,人生有三大憾事:鲥鱼多刺、海棠无香、《红楼梦》未完。因为爱吃鱼,爱喝鲫鱼汤,桂建芳对困扰消费者、让人不胜其烦的肌间刺产生了兴趣——鲫鱼多刺容易卡喉,有没有办法从根源上减少或剔除异育银鲫的肌间刺?

肌间刺顾名思义,就是生长在鱼肉肌肉缝隙中的小刺。数据显示,有肌间刺的淡水养殖鱼类产量占我国淡水养殖鱼类总产量的 75%,世界有肌间刺的鱼类产量占淡水养殖鱼类总产量的 70%。因肌间刺的存在严重影响食用和深加工,无肌间刺鱼突变体种质的创制也成为近年来鱼类遗传育种学研究的热点。

2021 年年底,桂建芳团队与已在斑马鱼中鉴定出 runx2b 为肌间刺主效基因的华中农业大学高泽霞团队合作,利用基因编辑技术,研制出第一代杂合体(F0 代)的少刺鱼,将吃鱼 "不挑刺" 的梦想照进现实。

历经 1 年多研究,桂建芳团队于 2023 年初在国际期刊《水产养殖》上发布的研究成果显示,团队已培育出 291 尾完全缺失肌间刺的银鲫突变体,这些银鲫突变体为后续培育无肌间刺异育银鲫新品系奠定了基础。在桂建芳看来，这是一次大胆创新、一件堪称里程碑的事件，有望迅速提升我国养殖业的核心竞争力，引领中国水产动物遗传育种的变革。

"破解生殖奥秘，揭示病疫玄妙，渔业护平湖。传世西施在？应叹水光殊！"这一句词出自桂建芳创作的《水调歌头·水经新注》。作为业内公认的鱼类细胞工程学术带头人，桂建芳在鱼类遗传育种领域享有崇高的地位，在他看来，基于基因组技术的不断发展，鱼类的精准育种时代已经来临。

"在鱼类精准育种方面，中国应该是全球领先的，是世界学习的榜样。"桂建芳介绍，自 20 世纪 50 年代早期开始，包括中国科学院水生生物研究所在内，全国多家涉及水产科研的机构就成立了专项团队，取得了包括青、草、鲢、鳙"四大家鱼"人工繁殖在内的一系列重大突破。"十二五"以来，在国家一系列项目支持下，我国水产生物遗传育种在基础理论、技术和品种创制上更是快速发展，相继破译了太平洋牡蛎、鲤鱼、草鱼、半滑舌鳎等数十种水产养殖生物的全基因组序列，奠定了我国水产生物基因组研究的国际领先地位。

▲ 桂建芳观察鱼的性状

2021 年，由桂建芳主编的研究生教材《水产遗传育种学》出版，书中涵盖了近10年来水产遗传育种基础和技术的新进展。他在书中写道:"作为鱼类遗传育种专家,我不仅亲身经历了水产遗传育种学在中国的形成与发展,更是目睹了我们水产遗传育种学家培育的涵盖了鱼、虾、贝、蟹、参、藻等水产新品种促进水产养殖增产增值、为富民强国做出的重大贡献。"

从高产异育银鲫到无肌间刺银鲫突变体,桂建芳还在继续寻找无限接近理想状态的"完美鱼"。他说,从古至今,人类都希望找到肉质好、产量高、病害少、繁殖快的"完美鱼","只有到了精准育种时代,才能无限接近'完美鱼'"。

2023年5月,桂建芳团队的研究论文以封面文章的形式在《科学通报》英文版上发布,展示了通过利用"无减数融合"生殖方式创制的合成不育异源七倍体鲂鲫新品系。

这一研究向鲫基因组中快速整入亲缘关系较远的鱼类基因组,利用多倍化优势成功克服了鲫鱼与远缘种基因组间的杂交不兼容。这种高效的育种技术路径不仅拓宽了对脊椎动物生殖方式转换的认识,还为水产动物多倍体育种和杂交种优势固定提供了一个可行的策略。

"这是利用鲫特殊生殖方式所建立的一条原创高效育种路径。"论文的第一作者、桂建芳的学生鲁蒙博士介绍,这些合成异源七倍体是不育的,这也意味着不用担心养殖逃逸所带来的潜在生态风险。他透露,团队正在将基因编辑技术与这种高效创制不育异源多倍体技术整合,从而建立高效精准且育性可控的多倍体鱼类育种技术,未来有望培育出无肌间刺且不育的异源多倍体鲫鱼新品系。

"这是一个很有意思的发现",桂建芳感慨,"研究银鲫40年,我有时候也会疑惑,是不是就此止步了,然而,依然还会有新发现和新惊喜。这说明,只要坚持下去,曙光就在眼前。"

💬 在公园开讲座，电脑里有 100 多个 PPT

虽然著作等身，但对桂建芳来说，2023 年出版的《共建和谐美丽家园：桂建芳院士自然科普工作室给孩子的自然通识课》是特别的一本。全书由桂建芳领衔，协同多位自然科普领域的专家学者共同创作，是桂建芳院士自然科普工作室献给孩子们的自然通识课本。

2021 年 4 月，桂建芳院士自然科普工作室在武汉解放公园揭牌，这是全国首个设置在城市公园，让公众得以与院士专家面对面交流的自然科普工作室。在桂建芳的带动下，鱼类生物学家曹文宣院士等数十位武汉科研院所、高校的学术带头人和自然科普领域专家加入自然科普工作室，一起为公众做科学普及工作。

"院士抽出时间和精力来做科普，是一件有意义的事情。"桂建芳不认为院士做科普特别是给中小学生做科普是大材小用，在他看来，"院士专注于自己的科学领域，对科学技术有独到、深刻的理解，做科普会更专业、更准确。"他希望通过科普的工作，让大众得到科学的洗礼，点亮孩子们的科学梦想。

有一次，桂建芳和中国科学院院士陈孝平围绕饮食健康、生态保护和跨学科融合等问题，进行了跨界交叉对话直播。两位院士用通俗易懂的语言，深入浅出地讲述生活中的健康妙招，实时观看量超 130 万人次。

即使是院士，要做好科普也不是一件容易的事情。桂建芳打开电脑，屏幕上密密麻麻地排列着 100 多个科普 PPT。不同的主题、不同的群体，PPT 的内容各不相同，即使是一样的主题，也会根据科普对象的不同，进行有针对性的修改。比如同样是讲蓝色转型，在学术会议上讲，题目就定为《蓝色转型加速水产遗传育种与水产种业的竞争和发展》，内容更专业一些；在中小学课堂上讲，就会从湿地内的花鸟鱼虫、从每天能够吃到的鲫鱼开始讲起，让孩子能够听得懂、听得进。

▲ 桂建芳在桂建芳院士自然科普工作室做讲座

"好几次给小学生讲课,他们的提问把我都问倒了。"在桂建芳看来,科研和科普密不可分、相互促进,"读者的关注点不一样,理解能力不一致,这要求我不断更新知识、拓宽视野,知道自己可以再往哪些方向发力。"

"水产养殖在中国是一个古老的职业。"桂建芳介绍,从殷墟出土的甲骨文"贞其雨,在圃渔"和"在圃渔,十一月"的文字记录推断,中国早在约3200年前殷商时期(公元前1142—前1135年)就普遍开始了池塘养鱼。2019年,一项关于河南新石器时代早期贾湖遗址的研究发现,遗址中遗存的鱼骨头多数具有养殖的特征,"这提供了一个证据,中国水产养殖的历史可追溯到8000多年前"。

数据显示,中国是水产养殖第一大国,早在1989年,中国水产品产量就已跃居世界第一位;2020年,全年产量达到6549万吨,其中养殖产品占比达到79.8%。目前,中国养殖水产品总产量占世界养殖水产品总产量的60%以上,为中国消费者提供了近 1/3 的动物蛋白，是中国人重要的食物来源。

"国外不少学者呼吁，要向中国的水产养殖业学习，认为中国从以江河湖海打捞为主到以人工养殖为主的水产品获取方式的成功转型，为全球提供了一个解决粮食安全的重大方案，向世界贡献了中国智慧。"桂建芳说。

从 2014 年开始，桂建芳和海洋渔业与生态学家、中国工程院院士唐启升率领 100 余位水产养殖科技工作者历时 3 年，完成《中国水产养殖：成功故事与发展趋势》（*Aquaculture in China：Success Stories and Modern Trends*）一书。全书共计 700 多页，系统讲述了中国水产养殖的成功故事，阐释了成功背后的原因、驱动因子以及未来发展趋势与战略，成为水产养殖科技工作者及从业人员、管理者、决策者和水产学相关高校学生的重要读物。

这是 30 多年来中国第一本成体系的渔业英文专著，2018 年由约翰威立国际出版集团出版后，被国际同行誉为"新时代的水产养殖专著"，向更广阔的世界展示了中国这个卓越水产养殖超级大国的主要活力。

在桂建芳看来，这是中国科学家对国际社会的一次成功科普，扭转了很多外国人对中国水产养殖的偏见和刻板印象，"很自豪能够做这样一件事情，向世界展示中国智慧和中国担当，为促进全球粮食安全贡献中国方案"。

💬 "看到学生的成长，我会更开心"

中国科学院水生生物研究所内，桂建芳的办公室俨然是一个小型水族馆。走廊上一个宽大的水族箱里，10 多条银鲫正在追逐嬉戏；入门处摆放着一个略小的玻璃鱼缸，四尾金鱼快活地游曳着。

四尾金鱼是桂建芳团队最新培育的新品种：金色的取名"金兔"，白色的则叫"玉兔"，色彩非常纯正。桂建芳介绍，历时多年研究，团队成员成功地将龙睛性状和白化性状精准转移到当下流行的、适合侧视观赏的百褶裙狮子头金鱼中，从而在 1 年内快速培育出适合侧视观赏的龙睛百褶裙狮子头金鱼"龙狮"、金色红眼百褶裙狮子头金鱼"金兔"、碧玉红眼百褶裙狮子头金鱼"玉兔"等十余个金鱼新品系。

金鱼起源于中国的双二倍体鲫，迄今已有 1800 多年的历史，形成了 300 多个以传统俯视观赏为主的金鱼品系。早在 30 多年前，桂建芳就开始了对金鱼的研究，并于 1986 年创制出染色体加倍后仍保持有透明和鲜艳体色的人工合成六倍体"水晶彩鲫"。

最近两年，桂建芳团队的余鹏博士又在金鱼高效繁殖技术上取得了突破。经过不断尝试和摸索，这位 90 后"金鱼博士"成功地使一条黑色百褶裙泰狮金鱼在 215 天内连续产卵 42 次，创造了"产卵次数最多的金鱼"世界纪录。"他可是'网红'，养金鱼创下了世界纪录。"桂建芳骄傲地介绍，该技术为金鱼基因功能研究、分子设计育种、雌核生殖、核移植等依赖鱼卵的研究奠定了基础。

▲ "红顶玉兔"

▲ "长尾狮"

▲ 桂建芳（右二）与团队在实验室

2021 年、2022 年，余鹏博士关于金鱼基因研究的文章两次登上《中国科学：生命科学》（英文版）杂志封面，杂志为此专门配发"中国风"配图。桂建芳打开电脑展示了其中的一张封面图，画面中衣带飘飘的嫦娥和玉兔一起低头凝视着水中的金鱼"玉兔"。

看到学生的成长，桂建芳由衷地高兴。过去一年，他带的 7 位博士后中，有 2 位通过了中国科学院水生生物研究所的论文答辩，成功入职水生生物研究所。"6 年硕博连读，2 ~ 3 年博士后，经过近 10 年的学习，他们已经成长为高水平的研究人才，成为年轻人中的楷模。"令他欣慰的是，自己在花甲之年还能拥有这一批优秀的学生，"这是我最高兴的事情。"

作为一名导师，桂建芳非常重视学生的教育和培养。他时常讲，无论是从事基础性研究还是技术性研究，重要的是把知识融会贯通，解决老百姓的实际问题。多年来，在桂建芳的谆谆教导下，100 多位硕博研究生和博士后顺利完成学业，肩负起青年一代新的使命。

"云水之间，探寻基因奥秘；三尺讲台，遍育桃李芬芳。既授人以鱼，也授人以渔。他，助饮健康水，妙育改良鱼。他，著作等身，书写引人注目的学术成就；以身作则，造就闻名遐迩的敬业精神。他，破解生殖奥秘，揭示病疫玄妙。面对成绩，他总是浅浅一笑：'喜看英才辈辈出，淡泊科海漫漫远'。"武汉大学的这段颁奖词，是对这位杰出校友最准确的定义。

40 年专注研究"一条鱼"，桂建芳乐在其中，他常说自己是学术圣湖里"一尾得水的鱼儿"，从湖北省黄梅县大源湖边到武汉东湖畔的中国科学院水生生物研究所，他感慨自己生逢其时，更应创新奉献。

时间回到 1977 年，21 岁的桂建芳得知要恢复高考的消息，务农多年的他重新拾起书本开始学习，最终被武汉大学录取，成为恢复高考后的第一批大学生。他说自己足够幸运："这是改革开放带来的机会，只要学习好，就有可能改变命运。"

他得到过许多支持，各种人才计划几乎都有份。作为基础和应用研究皆有建树的科学家之一，他陆续收获中国青年科技奖、中国科学院青年科学家奖一等奖、香港求是科技基金会杰出青年学者奖、全国五一劳动奖章、科技部"十一五"国家科技计划执行突出贡献奖、湖北省科学技术突出贡献奖和何梁何利基金科学与技术进步奖等一系列荣誉。

"只有认真学习，才能跟上这个时代的节拍；只要你勤奋，时代的机会就会变成你的机遇，毕竟机会是属于有准备的人的。"桂建芳常怀感恩之心，"身处这个伟大的时代，我倍感幸运。"

2024 年 2 月，湖北卫视春节联欢晚会上，桂建芳参与合唱节目《有我》。他说："广大的科技工作者都有一个共同的信念，只要有自己的参与，就能够把国家的事情做得越来越好，大家的生活也会越来越好。"

杨春和：

大地深处，筑造储能"宝库"

杨春和，1962年1月出生于江西省丰城市，岩石力学专家，中国工程院院士，中国科学院武汉岩土力学研究所研究员、博士生导师、油气地下储备与开发研究中心主任。长期从事盐岩水溶开采与油气地下储备、枯竭油气藏建库与高效运行、非常规油气水力压裂开发等工程技术及理论的研究工作，是我国盐岩力学与地下油气储备工程研究领域的开拓者之一。

研究成果获国家科学技术进步奖二等奖4项（3项排名第一）、省部级科学技术进步奖一等奖5项（4项排名第一），出版专著6部，发表相关研究论文300余篇，授权发明专利16项，软件著作权登记14项，参编行业规范4部。系第八届中国工程院光华工程技术奖获得者、973首席科学家及专家咨询组副组长、新世纪百千万人才工程国家级人选、全国五一劳动奖章获得者。

▲ 杨春和院士

▲ 2003 年杨春和在甘肃北山核废料储备基地

能源是社会生产力的基础，是生产和生活必需的基本物质保障，是一个国家傲立于世界之林的重要"家底"。包括石油、天然气、氢气、氦气、二氧化碳等能源在内的能源安全是国家安全的重要组成部分。保证能源安全必须高度重视储能安全。储能的方式有很多，深地储能是非常重要的一种。

20 多年来，中国工程院院士、中国科学院武汉岩土力学研究所研究员杨春和始终专注于做一件事——开展地下盐穴储能研究。

他曾在多个场合向大众科普："深地盐穴储能"是地下储能的重要方式之一，指利用盐矿开采后留下的采空区，或者在地下盐岩中溶出一口巨大的"天然溶洞"，将石油、天然气、氢气、氦气及二氧化碳等能源物质储存其中，具有储量大、成本低、密封好、使用寿命长等优点，还能节省地面土地资源，它的运营费用仅相当于地上库的 1 / 3 左右。随着国家经济社会的发展、人民生活水平的提高，大家对能源储备的需求会越来越大。

利用深部地下空间进行大规模能源储备是国际能源储备的主要方式，对确保国家能源安全、战略物资安全及"双碳"目标的实现都具有重要意义。

"地面上的储气罐容易受到空中打击，有了地下储气库就打不着了！院士爷爷，我说得对吗？""院士进校园"科普活动中，面对学生的大胆提问，杨春和欣慰地点点头："你听得很认真，说得也很对。不过，地下储能的意义还不仅于此。"

💬 为何藏"能"于地

"即便是和平时期，我们也需要把能源'藏'在地下！"杨春和介绍，我国当前能源结构和能源储存现状，决定了我们必须向地下要空间。

我国是能源消费大国，实行能源改革是实现"双碳"目标的重要一环。从 2017 年开始，我国推动能源系统低碳改革的政策力度逐渐加大，目前已初步形成了煤炭、电力、石油、天然气、新能源全面发展的供给体系。

近年来，煤炭在能源消费中的占比呈逐年降低的趋势。以天然气和非化石能源构成的清洁能源占比增加显著，其中，风能、光能、地热能等非化石能源占比都有较大提升。

杨春和表示，加快非化石清洁能源的利用，是全球能源发展的大趋势，也是我国能源发展的优先方向。然而，由于风能和太阳能等具有典型的地域性，且不能连续稳定供给，给电网稳定运行带来了一定的挑战，制约着可再生清洁能源的快速发展。

如何提高可再生能源的利用效率，把弃掉的电能储存起来？科学家想了许多办法，包括抽水蓄能、压气蓄能、液流电池储能等。然而，无论是压气蓄能还是液流电池储能，都需要较大的储存空间，具有体积大、可承受高压等优点的深部地下空间就成了储能的理想场所。

"深部地下空间好就好在它兼容并包、来者不拒。"杨春和介绍，不论是石油、天然气，还是氢能、氦能，深部地下空间都能装得了、装得下。尤其是氢能，它是解决能源可持续发展的有效途径，具有来源广、热值高、无污染、应用场景丰富等优点。

另外，利用深部地下空间储存石油能够规避经济性差、安全性低、占地面积大等利用地面储罐储油的缺点，进一步保障石油的安全供给；加快地下储气库建设也能够保证长输管道天然气平稳供给，避免大规模"气荒"的发生。

西方发达国家有开展地下储能研究吗？有！

杨春和介绍，以石油为例，目前的石油储存方式主要包括地面储罐、盐穴和硬岩洞储存，其中利用盐穴进行原油储存是世界上许多国家采取的主要方式。

在美国的多个始建于20世纪七八十年代的石油战略储备库中，共有盐穴60余口，石油储存能力超过7亿桶。这些石油储存量不仅保证了美国的能源安全，也奠定了美国在国际油价话语权中的主导地位。

德国的储备油品主要包括原油、汽油、柴油、重油等，其中原油主要储存在地下盐穴中。德国的石油储备库除了作为战略储备库使用以外，还会根据国际市场油价的变化，利用剩余库容为客户提供储存服务。而法国早在1925年就以法律形式建立了石油储备制度，法国的石油储备库由1座地下盐穴库和遍布全国的地上储油库组成。

为何各国地下储能都选择了盐穴？因为盐岩具有物性稳定、渗透率低、损伤自修复、易溶于水和分布广等特征，是大规模能源储备的理想地质体。

岂可落后于人

1999 年获得美国内华达大学地质工程博士学位后，杨春和回到祖国，进入中国科学院武汉岩土力学研究所工作，成为该所第一位海归博士。

当时，美国墨西哥湾的盐穴储备库已建成 30 年，战略石油储备规模可维持国家 90 天的需求，但是我国还没有一座盐穴储备库。

"回国后我发现，我们国家从事这方面研究的人寥寥无几。"杨春和在很多场合呼吁重视地下储能。当时中国一些有识之士也逐渐意识到油气战略储能的重要性。包括中石油、中石化在内的一些大型能源企业也提出类似的需求，只是苦于国内相关工程一片空白，没有技术、没有人才，更没有成熟的经验可循。

国家需求、产业需求就是科学家的研究方向！杨春和决心投身盐岩地下油气储备工程研究，做中国在该领域最早"吃螃蟹"的人。

"向地下要空间，储存天然气。"杨春和第一次公开提出这个设想时，业界一片哗然，反对声不绝于耳。

中国岩石力学与工程学会秘书长杨晓杰告诉我们，当时反对的声音很多，有的人认为，地面储气技术已经很成熟，中国国土广袤，地面建库可以满足需要，没有必要钻研地下储能。

有的人认为，地下储能技术难度大、耗资不菲，国内缺乏建设经验，不能因为"异想天开"而大量投入。

还有的人断言，中国地质结构极其复杂，无法进行这方面的工程建设。我国盐层属于层状结构，盐层厚度小、不溶夹层多，地质条件的复杂程度超乎想象。欧美等发达经济体的专家们遇到类似地质条件，大多直接放弃建库。

还有的专家从安全角度出发，担心地下储气库发生泄漏、坍塌甚至爆炸等重大安全事故。

▲ 2019 年杨春和（左二）在湖北省云应盐穴储气库现场

　　面对质疑，杨春和没有过多辩解，也没有把精力放在写论文、发文章等理论论证上。一向崇尚务实的他很快带着设备、行李，带领团队深入湖北、江西、江苏等多个省份开展现场调查去了。

　　采集大量盐岩样本后，杨春和逐个反复试验比对、精密计算，经过将近2000 组试验后，他和团队成员最终得出一个结论：中国盐穴的稳定性及密封性对于地下油气储备完全可靠，具有安全性和适用性。

　　"我想办法总比困难多，盐穴储气库关键技术要掌握在我们自己手中，要建设我们国家自己的储气库。"杨春和团队历经 7 年时间，用科学数据证明了中国盐穴对于地下油气储备来说完全可靠，回应了外界对其安全性和适用性的质疑。

　　中国科学院武汉岩土力学研究所所长薛强告诉记者，那些年，为了摸清我国盐矿地质家底，江苏省常州市金坛区、湖北省潜江市、河南省平顶山市……幅员辽阔的中国版图上，几乎所有能用于储备油气的盐岩地下空间所在地区都留下了杨春和团队的足迹。

杨春和回忆："除了理论上的可行外，实践也很重要。当时中石油等大型企业对这项研究都很支持，要钱给钱，要人给人。他们在生产实际中迫切需要地下储能，也希望先干起来再说。"和一般科研不一样，彼时国内地下储能工作是从"0"到"1"的工作，团队只能一边设计研究，一边做工程施工。

"外国人能干的事，中国人一样能干成；外国人认为不好办的事，中国人付出更多心血和智慧未必不能干成！"在杨春和团队的科学研究基础上，中国盐穴储气库建设开始实质性起步。

"岩土工程学科领域的一切理论成果都必须应用到工程技术中才有价值，否则就是一种浪费。"在杨春和看来，工程领域的理论创新必须切实服务国家重大需求、服务工程应用才有价值，也只有通过实际应用才能检验理论的科学性。因此他希望尽快建成中国第一座盐穴储气库。

2003 年，我国西气东输工程需要建设配套储气库，杨春和团队的理论创新终于有了应用机会。

杨春和提出第一座盐穴储气库选址在江苏省常州市金坛区，利用金坛盐矿开采后留下的溶腔建库，可节约建设成本 1.25 亿元，节约建库时间 5 年。这极具可操作性的专业意见获得有关部门、单位的支持。2007 年，金坛储气库正式投产注气，成为我国乃至亚洲首座地下盐穴储气库。

江苏省常州市金坛区直溪镇，地下千米深处埋藏着的这座巨大的"天然气仓库"，被誉为"中国盐穴储气第一库"。截至 2024 年 1 月 19 日，这座储气库累计采气量突破 50 亿立方米，按照江苏省发展和改革委员会的统计测算，这个采气量可满足长三角地区 1600 万户家庭调峰期的燃气需求。而这背后，凝聚着杨春和的大量心血。

2015年，金坛储气库发现微渗层，出现气体漏失问题。杨春和临危受命，开始技术攻关。

事后，杨春和回忆："工程上的问题往往具有不可预知性，当时我们顶着巨大的压力，因为这是中国第一座洞穴储气库。对我们而言，这个工程只能成功不能失败。因为当时一旦失败，这条路就可能被堵死。本来反对的声音就很大，如果第一个重大项目搞失败了，整个研究方向就可能被全盘否定。"

所幸，反复分析研判问题后，他和团队提出一种全新技术——利用盐岩重结晶对储气库进行封堵，并迅速开展金坛储气库关键微渗层的重结晶课题研究。最终，微渗层封堵难题被成功解决。

"国之所需，科学家之所向。不仅要让盐穴储气库在中国落地生根，还要四面开花结果。"20多年来，他带领团队陆续参与了近10座盐穴储气库建设

▲ 2020年杨春和（左二）在金坛压气蓄能电站调研

的技术攻关，为中国的西气东输一线、二线，以及川气东送工程提供了重要保障。目前，我国 90% 以上盐穴储气库都是该团队完成的。

经过几十年的发展，目前，我国的地下储能在世界上处在什么水平？

杨春和坦言，从研究进度上看，我们和欧美发达国

▲ 2020 年杨春和（左二）在金坛储气库控制室

家都在做研究，美国、德国起步比我们早几十年，一度远远领先于我们。经过几十年的追赶，现在我们在技术上基本处在同一水平线上了，乍一看，大家在"并跑"，但事实上，我国的地质环境比他们要复杂得多，需要解决问题的难度也要大得多。

西方发达国家不曾遇到中国这样复杂的地质条件，因此他们的技术路线常常无法解决中国的问题。相反，中国科学家不仅能够应对国内复杂的地质环境，而且可以相当轻松地解决西方国家地下建库的技术问题。因此，西方国家的技术水平和中国不在同一个层级上。

探索从未止步

中国地下储气库从"0"到"1"已经完成了，现在要对地层进行分类，搞清楚哪些地方适合做哪种能源储备。除了储油、储气，近几年，杨春和还把目光瞄准了储氢、储氦。

氢能是解决能源可持续发展的有效途径，具有来源广、热值高、无污染、

应用场景丰富等优点。如何进行大规模储氢是制约氢能高效利用的技术瓶颈。杨春和认为，盐穴大规模储氢能够打通氢能利用产业链，同时把地下盐穴变废为宝、变隐患为资源。

杨春和告诉我们，氢能产业链条长，涵盖上游制氢，中游储氢、运氢，下游用氢等环节，要形成完整成熟的产业链，最关键的是制、储、用各个环节的衔接。目前，氢气生产出来以后，如何走完"最后一公里"，实现"氢进万家"是一个迫切需要解决的问题，而这对氢能储运提出了很高的要求。

杨春和认为，大规模储氢是氢能产业发展的关键环节，储氢技术是推动氢能产业发展的关键技术，地下存储是最具可行性的发展方向。

"盐穴储氢，即把大规模氢能存储于地下盐穴中，具有储量大、成本低、密封好、周期长等优点，还能节省地面土地资源，是大规模储氢的理想方式。"他多次建议湖北省依托潜江、云梦、应城地区丰富的盐矿资源，建设规模化氢能储备项目，打造我国中部储能基地。

在杨春和及其他科学家的奔走呼叫下，曾以矿产资源丰采而闻名的湖北省大冶市在全国首开地下储氢探索。

2023 年 3 月，大冶市"矿区绿电绿氢制储加用一体化氢能矿场综合建设项目"正式开工。湖北省决定通过在大冶市废弃矿洞中进行岩穴规模化储氢建设，在综合能源站中进行地下分布式储氢建设。目前，该项目已获国家发展和改革委员会清洁低碳氢能创新应用工程项目批复，获批中央预算内资金 1.2 亿元。

这是我国首个开展岩穴储氢技术的科研攻关项目，建成后，将成为全世界第二个洞穴储氢项目。未来，有望开启我国大规模地下储氢的新路径。

"地下空间是个宝库，按照我们的技术路线建设，未来合适的地层可以储油、储氢、储氦，可以实现多场景、多元素综合应用，这是我们的一个重点

▲ 杨春和获得的荣誉证书

攻关方向，也是国家能源供应安全的一个重要保障。"杨春和表示。

我国地下储氢何时能够实现？杨春和介绍，氢的分子量比天然气更小，这意味着氢气的存储需要更大的空间，并且存储空间需具有更好的密封性，而深部地下盐穴正好为大规模氢能储备提供了良好的环境。

他介绍，目前我国首个大规模储氢的项目已经处于中试阶段。其中，首先要解决的问题是掌握氢气、氦气这类小分子气体在地层运移过程中的传播规律，及其与天然气的差异。比如，密封天然气可行，那么密封氢气是否也可行？其次，地下大规模储氢的设计准则是可以运用原先的技术，还是需要另辟蹊径？目前，这些问题都在一步步被论证、被摸清。

杨春和团队希望，该项目的开展、技术瓶颈的突破，能为氢能规模化、安全储存提供技术保障，为全国深地岩洞储氢研发人员提供可靠的联合试验基地，为在全国范围内推广大规模储氢提供技术和标准。

他透露，一切顺利的话，2024 年，该项目就可以大量产出氢，并进行高压储氢，届时可一定程度补充我国的能源供应。目前，欧盟按照 30% 的比例在天然气中掺杂氢气，这基本上就等于节约了 30% 的天然气。氢气来源广、成本低、可持续。随着技术的发展，未来氢也可能作为主流能源，面向市场供给。

实干惜时奉献

从事地下储能研究几十年，是什么支撑一位科学家始终坚守初心，勇做"地下工作者"不动摇？

杨春和认为有 3 个原因。一是国家需求。他介绍，自己刚回国的时候，我国在能源占有方面刚刚起步，"国家需求确定了我的研究方向，国家需求就是我的专业"。二是个人追求。他希望能够在自己熟悉的领域做出一些开创性的贡献。三是社会责任。他始终认为，每个人做一行、爱一行、精一行，做到极致，人人如此，国家就大有希望。

他建议年轻人，珍惜现在的机会，珍惜大家拥有的相对平稳和谐的研究环境。"很难想象，耳边总是一阵接一阵的防空警报声、战斗机轰鸣声、枪炮声，我们能安心做出什么成果来？为什么中国近几十年科技发展得这么快，一个很重要的原因就是我们有比较稳定的发展环境，每个人都能拥有一张安静的书桌。"

同时，他也认为，年轻科研人员要正确看待发论文和解决实际问题的关系。有时候能发高水平的论文当然是好的，但对国家重大工程建设而言，能够解决实际问题，比发论文更重要。在全球竞争面前保持领跑地位，有时需要一点"隐姓埋名、不为天下知"的境界，需要多做少说、埋头干事的务实低调。

"至于说评职称、拿奖等，不要太过着急。对于默默付出、有贡献的人，组织上不会亏待。"杨春和说。

作为一名奋战在科研前线的"地下工作者"，他表示，未来，他将带领团队继续"向地下要空间"。

张启发：

水稻人生

张启发，1953年12月出生于湖北省公安县，中国科学院院士，华中农业大学生命科学技术学院教授、博士生导师，作物遗传育种和植物分子生物学家。

作为水稻功能基因组计划的主要发起者和组织者之一，他构建了大规模水稻功能基因组研究的技术和资源平台，鉴定分离了一批具有重要应用前景的水稻功能基因；在水稻杂交种优势利用的生物学基础（杂交种优势的遗传基础、雄性不育、亚种间杂交）研究中取得了系列进展；提出和构建了基因组育种的理念和技术体系；提出了"绿色超级稻"理念，组织实施了"'绿色超级稻'新品种培育"国家重大项目，带领团队培育出一批具绿色性状的水稻品种并大规模应用于生产；倡导"'双水双绿'重塑鱼米之乡"，提出和推进稻田种养的新模式；倡导水稻育种方向由追求产量向追求营养健康稻米变革，培育优质食味黑米新品种，推动黑米主食化行动。为我国资源节约型、环境友好型农业生产体系的建设，农业绿色发展的理论和实践做出了重要的贡献。

1999 年当选中国科学院院士，为当时中国科学院最年轻的院士。2000 年当选第三世界科学院院士。2007 年当选美国国家科学院外籍院士。

▲ 张启发院士

▲ 张启发（左六）获 2018 年未来科学大奖"生命科学奖"

中国科学院院士、华中农业大学教授张启发的微信昵称很简单——rice life，即水稻人生。

作为作物遗传育种和植物分子生物学家，数十年来，张启发一直致力于水稻基因组研究，并在此基础上开发少打农药、少施化肥、节水抗旱、优质高产的"绿色超级稻"。

2018 年，张启发与李家洋院士、袁隆平院士一同获颁未来科学大奖"生命科学奖"，以奖励他们在水稻研究中取得的开创性贡献。在颁奖典礼上，时年 65 岁的张启发笑言：没想到这样一个听起来"高大上"的奖项，都颁给了"我们这些农民的朋友"。

"一个是'绿色超级稻'梦，保证长期的粮食安全和资源与环境可持续发展，让农业朝着绿色理念发展；一个是绿色营养优质稻米梦，通过黑米主食化，保障粮食安全,促进营养健康。"一生致力于做"农民的朋友"、出生于农民家庭、又当过多年农民的张启发有两个梦,并一直为之奋斗。

💬 追寻"绿色超级稻"

距离武汉 200 多千米的石首市新厂镇南部,有一个以"星光"命名的村落,这里沟渠纵横、良田成片,是当地小有名气的"鱼米之乡"。

2022 年,星光村联手张启发院士团队,重点发展"双水双绿"产业,建成"稻 - 鸭 - 虾"种养基地 1000 亩,带动石首市乡镇产业模式创新。

"双水双绿"是张启发提出的概念,即利用平原湖区稻田和水资源优势,在稻田种养中协同发展"绿色水稻"和"绿色水产",做大做强水稻、水产"双水"产业,做优做特绿色稻米、绿色小龙虾等"双绿"产品,让生产过程来洁净水源、优化环境,实现产业兴旺、农民富庶、乡村美丽的目标。

因此,2018 年,华中农业大学特成立了双水双绿研究院,这是一个由交叉学科团队组成的面向农业产业的研究院。

近年来,新质生产力成为热议话题,在政府工作报告中被列为 2024 年十大工作任务首位。新质生产力是我国经济发展进入新阶段后驱动并支撑高质量发展的生产力,新质生产力本身就是绿色生产力。

作为"第二次绿色革命"的提出者之一,张启发很早就开始关注农业的绿色发展。

"不计成本、一味地追求产量的模式不可持续。"他介绍,发端于 20 世纪 60 年代,以降低农作物株高、半矮化育种为特征的"绿色革命",大幅提高了粮食产量,但高产量的背后是农药和化肥的高投入、高污染,长期以来,中国以占比世界 8% 的可耕土地养育了世界 20% ~ 22% 的人口,但同时也使用了过多的农药和化肥,并由此造成了严重的环境污染和食品安全问题,威胁到农业的可持续发展。

1999年，张启发等一批我国农业科学家提出了"第二次绿色革命"的10字目标："少投入，多产出，保护环境。"根据这一目标，我国的作物生产不仅要继续提高产量、改良品质，更要大幅度减少农药、化肥和水资源的用量，以保证经济、社会和环境的可持续发展，以及人与自然的和谐共处。这就要求我国作物改良应将增加品种的抗病虫、养分高效利用、耐旱、抗逆等性状作为重要目标。

基于"第二次绿色革命"的设想，张启发于2005年提出了培育"绿色超级稻"的战略构想和"少打农药、少施化肥、节水抗旱、优质高产"的目标，为水稻遗传改良指出了新的方向。

他在接受媒体采访时解释了取名"绿色超级稻"的原因："最初叫'绿色水稻'，有人质疑：'哪有水稻不是绿色的？'还有人觉得是有机农业，后来就加了'超级'二字，既要高产高效，也要资源节约、环境友好。"

两年后，张启发的《"绿色超级稻"培育的策略》论文在美国科学院院刊上发表，这一年被视为"绿色超级稻"元年。"我们重新思考了育种的方向，要产量，要品质，也要关注环境可持续问题，所以我们开始了新的出发。"他说。

他在2009年出版的著作《"绿色超级稻"的构想与实践》中阐释了推广"绿色超级稻"的意义。张启发指出：水稻是中国第一大农作物，其常年种植面积接近中国耕地面积的1/4，稻谷产量约占中国粮食产量的40%，水稻生产中的农药、化肥、水资源及劳动力等各项投入均在各农作物之首。因此，要实现中国农业的"第二次绿色革命"，水稻生产必须率先实现"第二次绿色革命"。

2010年，"'绿色超级稻'新品种培育"获科技部批准，被列入国家863计划重点资助项目。该项目由华中农业大学主持并联合国内27家水稻育种机

▲ 2017 年张启发（中）向外国专家展示"绿色超级稻"

构共同组织实施。

截至 2018 年项目组结题，张启发领衔的"绿色超级稻"项目团队培育出具有绿色性状（如抗病虫、养分高效利用等）的水稻新品种 66 个，根据项目专家委员组制定的标准认定的"绿色超级稻"品种有 41 个。其中，"绿色超级稻"品种在我国和"一带一路"沿线国家累计推广 3 亿多亩。

"政府对'绿色超级稻'也越来越重视，不再只是像过去那样只是强调高产、高产、高产，也提出来要搞绿色品种。"张启发说。

目前，"绿色超级稻"所代表的理念已上升为国家行动。2017 年，中共中央办公厅、国务院办公厅印发《关于创新体制机制推进农业绿色发展的意见》，强调要大力发展绿色作物品种；2019 年，农业农村部正式颁发水稻、玉米、小麦、大豆绿色品种指标体系，明确指出"少打农药、少施化肥、节水抗旱、优质高产"是我国主要农作物今后的育种目标和方向。"绿色超级稻"代表性成果入选"十三五"农业科技十大标志性成果和改革开放 40 周年大型展览。

2021 年，第二十六届联合国气候峰会把"绿色超级稻"作为"迎接 2050 挑战"，建立低碳、适应气候变化的食品生产系统的推荐科技方案。

同年，项目团队在国际学术刊物《分子植物》(*Molecular Plant*) 在线发表了题为《从"绿色超级稻"到绿色农业：收获功能基因组研究的承诺和希望》的综述性文章。文章最后再次强调："为了满足消费者日益增长的对美好生活的需求和作物生产适应气候变化影响的要求，作物育种目标需要改变，由单一追求产量向追求产量和质量并举的方向转变，全面提升稻米的品质，培育绿色营养优质的水稻品种，提供对人类和地球都健康的产品。"

近 20 年过去，张启发仍在孜孜以求地追寻抗病虫、抗贫瘠、高产、绿色的"完美水稻"，让农民即使少打药、少施肥、少投入也能产出高产优质的稻米。"绿水青山就是金山银山，稻米之路尤其如此。"他说。

💬 推动黑米主食化

"感谢你把黑米稻'华墨香'的产量拉起来了。"2023 年春，在湖北洪山实验室重大项目"稻－鸭－虾"产业化与"华墨香"生产技术培训会上，张启发将一张高产获奖证书颁给了石首市农民郑孝忠，以奖励他种植的黑米稻"华墨香"亩产突破千斤。

上一年，郑孝忠将家中的 10 亩水田全部种上了"华墨香"黑米稻，按一季油菜一季稻谷的种植模式，收获了 1 万多斤黑米稻，收益是种白米稻的 3 倍。

张启发紧紧握住了获奖农民的手——这一刻被定格在媒体的镜头里。他在接受记者采访时感慨：从实验室到田间收获，是农民帮我们完成了科技成果转化的"最后一公里"。

黑米主食化，是张启发近年来关注的焦点。稻米有多种不同的颜色，比如最常见的白米、红米、黑米等。红米和黑米的色素分别为原花青素和花青素，存在于果皮和种皮之中。黑米在中国有悠久的种植历史，无论是中国的传统文化还是普通民众，都认为黑米对健康有益。

张启发将黑米作为稻米研究的一个新方向始于 2008 年。当时，英国科学家一项饲喂小鼠的对比试验表明：相比于普通番茄添加饲料和标准饲料，添加富含花青素的紫番茄饲料可使小鼠寿命延长 28%。研究者推测，花青素对小鼠健康的效应是其作为抗氧化剂的功能的直接影响，它同时激活了内源性抗氧化防御系统和信号通路。受这一研究的启发，张启发决心要深入地挖掘稻米的营养价值和健康效益，并锁定了富含花青素的黑米。

张启发办公室的墙上挂着一张稻米加工过程中营养物质变化的示意图，多年来，他曾不厌其烦地向到访者科普有关稻米的知识。

▲ 2023 年 10 月张启发在石首参加"双水双绿"黑米主食化产业现场观摩会

据他介绍，作为人类主要食物来源之一，稻米除淀粉外，还含丰富多样的营养物质，包括蛋白质、维生素、膳食纤维、类黄酮等次生代谢物、不饱和脂肪酸、矿物质等。这些营养素存在于果皮、种皮、糊粉层、胚和胚乳之中。然而，几千年来的做法把谷物中约80％的营养物质和有益成分都当作米糠，没有很好地利用。近几十年来，随着人民生活水平的提高，更是对口感美味和精细加工出现了近乎偏执的追求，稻米更加没有营养。

"与精米相比，食用全谷稻米可使食用部分增加30％以上，即相当于增产30％。此举不仅会大大减轻粮食需求压力，保障粮食安全，提高营养水平，而且还可减少粮食生产对环境的压力，促进农业绿色发展。"因此，张启发主张应该努力实现"主食全谷化"，尤其是"黑米主食化"。

然而，黑米在我国市场上一直被列入杂粮的行业，生产和消费量都不高，普遍难煮、口感欠佳是主要障碍。要让消费者坚定地选择黑米，改善蒸煮和食味品质就成了解决问题的关键。

10多年来，张启发团队广泛搜集黑米品种，"神农尝白米"，最终在云贵高原发现了优异的稻种资源，并在此基础上培育出兼具良好蒸煮特性和适口性的黑米新品种"华墨香"，"期望中华大地飘墨香"。

张启发将"华墨香"定义为米饭型全谷黑米水稻品种。所谓"米饭型"，即有别于市面上大多数作为杂粮煮粥的黑米，可以直接作为主食食用，从餐桌上的"配角"变"主角"。"全谷"，是指脱去颖壳但未经进一步加工，保留了完整颖果结构的谷物籽粒，营养物质和有益成分得到有效利用。

2021年，"华墨香"首次从实验田走向生产大田，在监利市、石首市试种约600亩。张启发期望用这颗黑色的米，作为推行"双水双绿"模式的抓手——只有种植高附加值的黑米，农民才会从根本上减少农药和化肥的使用量。

为了更好地推广黑米，每次出差，除了行李，他还要带上一个家里用了多年的电饭煲。开完会，他会煮一锅黑米请与会者品尝。大家夸他煮得好，他哈哈一笑："煮得多了，有了诀窍。"

他认为，要推动黑米主食化，应进一步培育优良品种，做好产业开发，并建立

▲ 张启发在"华墨香"田

营养价值效益评价体系。就科研层面而言，他期望未来的"华墨香"能够实现"金刚不坏"，即"不怕高温、低温、病虫害、贫瘠土地，农民好种，效益也高"。

目前，"华墨香"主要在江汉平原上试种，虽然在市场上获得了一定的知名度，但距离真正产业化还有较大距离。"团队缺乏销售能力，在奔市场的过程中问题很多。"张启发希望能和真正有实力的公司合作，深度融合，协同发展。

张启发喜欢看书，阅读算是他唯一的爱好。近年来，他在完成世界名著阅读计划之外，还看了大量与营养健康相关的书籍和文献。通过不断探索和实践，他逐步形成"用现代生命科学治理健康"的健康科学新理念，提出以基因组精准营养治未病，为"健康中国"提供湖北方案。

在他看来，高糖易消化的精米白面是各类健康问题的主要根源之一，应该改变几千年来稻米仅为人类提供能量的状况，让"主食"承担起提高营养健康水平的使命，并提出综合构成治未病体系的3点举措，即优化食谱结构、关注健康指标和调控自身基因。

在华中农业大学，一份"狮山健康食谱套餐"受到广大学生的欢迎。这

份食谱正是由华中农业大学生物医学与健康学院、生命科学技术学院、食品科学技术学院等联合学校后勤保障部推出的。

"民以食为天。在解决'吃得饱'的同时，我们更要考虑的是'吃得好'，吃出营养、吃出健康。"每次做关于黑米主食化的学术报告，他在最后的PPT上都会打出一行字："为信仰而奋斗，让科幻变现实。"

💬 "小白塔"精神

华中农业大学青年湖畔有一栋建筑，因外墙通体白色，被师生们亲切地称为"小白楼"。这里曾是作物遗传改良国家重点实验室早期的实验楼。小楼一侧，矗立着一座数十米高的白色水塔，名唤"小白塔"。

这看似普通的水塔，是华中农业大学师生继往开来的精神地标。水塔前一块硕大的花岗岩石上，刻着500余字的《小白塔记》，作者正是张启发。

时间回到1992年，作物遗传改良国家重点实验室（后更名为"作物遗传改良全国重点实验室"）获准立项。华中农业大学汇聚作物遗传育种、果树、

▲ "小白塔"

生物技术等学科精锐组建队伍，边建设边运行。因学校办学条件简陋，水电供应紧张，科研保障困难。为了不影响科研进度，实验室成员自筹经费建成储水白塔，解决科研用水难题。"自此而往，科研人员心怀梦想，筚路蓝缕，攻坚克难，一往无前。"《小白塔记》中写道。

"穷思变，困求进，苦图强。"在"小白塔"精神的引领下，作物遗传改良全国重点实验室聚焦作物种源自主创新，

开展主要农作物遗传改良关键技术研发，创制水稻、玉米、油菜、棉花等作物优异新种质并培育重大新品种，回答关键技术和种质创新背后的重大科学问题，支撑我国主要农作物种源安全和绿色发展。

2022 年国家科技部重组重点实验室体系，经过重组、推荐和评议，科技部遴选出首批 20 个标杆全国重点实验室，作物遗传改良全国重点实验室入选。此前，实验室曾连续 5 次获评优秀国家重点实验室，保持了 30 年全优记录，是唯一连续获此殊荣的农业领域国家重点实验室。

成绩的背后是团队的力量。作为改革开放后华中农业大学第一个归校留学博士，张启发高度重视创新人才的培养。他用自己获得的何梁何利基金科学与技术进步奖金，设置了"生命科学优秀学生启发奖学金"。1997 年，他撰写题为《谈做学问兼论人生》的信给学生，提出博士生要培养追求卓越、不断进取的奋斗精神，"人生一世，应该追求有所建树"。这封信引发强烈反响，时至今日仍在不断被转载。

"一流的博士生，需要有远大的志向。"时隔多年，虽然自称不再有提笔写信的冲动，但在与学生面对面交流时，他依然会不厌其烦地提醒他们对标国际学科前沿和国家重大需求，提升综合素养和创新能力。他期望学生们不仅要有做出世界一流科学研究成果的志向和追求建树的远大理想，还要勤思好学，提高学习和科研效率，将学到的知识付诸科研。

"如果做的工作既不能对标国际前沿，又不能满足国家的需求，那做来干什么呢？"张启发认为，无论是国际学科前沿还是国家需求，都要强调原创性，即原始和创新。"研究的课题是我们自己产生的，不是跟别人跑的。没有自己的原创性，跟在别人后面干，发在哪都没什么意思。"他说。

在张启发看来，一流人才培养离不开一流的行为规范。作为学校学术委员会主任，他牵头制定了《华中农业大学学术规范》和《华中农业大学处理学术不端行为暂行办法》，建立起"交通法规式处罚"学术不端行为惩治体系，旗帜鲜明地亮出学术研究工作的底线和红线，对学术不端行为"零容忍"。

院士宣讲学风是每年华中农业大学研究生入学第一课。2023 年 9 月，张启发为学校 2023 级研究生新生开展宣讲时，主题正是"科学规范与科研诚信建设"。他勉励同学们科研讲诚信，护之如"爱眼"，做实事求是事、清清白白人。"华中农业大学对学术不端始终坚持'零容忍'，学术道德与科研诚信规范永远在路上。"张启发说。

坚持人才培养，坚决打击学术不端，张启发领衔的作物遗传改良全国重点实验室群星璀璨，拥有多位中国科学院院士、中国工程院院士以及一大批术业专攻的专家，在植物生命科学的重要领域获得了一系列重要发现和突破，为水稻、油菜、棉花、玉米、柑橘、番茄生产培育了大量新品种，为脱贫攻坚、乡村振兴做出重要贡献。

2021 年，首批 7 个湖北实验室揭牌。其中，在生物育种领域，由华中农业大学牵头组建湖北洪山实验室，张启发出任主任一职，再担新使命。

围绕产业链布局创新链，湖北洪山实验室建立了"五横五纵"交叉研究体系：面向主要农作物、主要园艺作物、畜禽、水产、微生物（五横），开展资源挖掘、生物学基础、品种培育、生产体系、营养健康（五纵）研究，打通了从基础研究、育种到绿色生产、营养健康的链条。

"从前吃不饱肚子，只有一个目标，那就是产量。但我们调侃说有 3 个目标：第一个目标是产量，第二个目标是提高产量，第三个目标是改进产量。现在也有三个目标：第一个目标是产量，第二个目标是绿色，第三个目标是营养健康。"张启发说。

截至 2024 年 5 月，运行 3 年的湖北洪山实验室取得多项突破性成果：实验室署名文章已有 1200 余篇，先后有 9 项研究成果分别发表在国际公认的三大科技期刊上，2次入选中国十大科技进展新闻，同时培育出米饭型全谷黑米等一批突破性品种和技术。

"激扬梦想，追求卓越"是张启发对学生们提出的期望。从1973年以农民的身份被推荐上华中农学院农学专业至今，他在科研道路上不断追求卓越。每年参加学生组织的生命科学研究进展报告会时，他总会送出几本书，书的扉页上，往往会签上这八个字。

2023年，华中农业大学举行张启发院士光荣从教五秩座谈会。校党委书记高翅在总结讲话中说："'卓'代表了'卓见''卓著'，也象征着以'小白塔'为代表的'艰苦卓绝'奋斗历程；'越'代表了不断厚积薄发，超越自我、超越时代——这正是他一辈子不断开拓创新、开辟新赛道、勇闯无人区的写照。"

▲ 2021年湖北洪山实验室授牌

陈学东：

智能制造稳稳托起"中国精度"

陈学东，1963 年 4 月出生，江苏省泰州市人，机械设计领域专家，华中科技大学机械科学与工程学院教授、博士生导师，中国工程院院士。

1984 年和 1989 年在武汉理工大学分别获得学士和硕士学位，2001 年在日本佐贺大学获工学博士学位。2001 年留学回国后一直在华中科技大学机械科学与工程学院从事教学与科研工作，2006 年至今任智能制造装备与技术全国重点实验室常务副主任。

他长期从事机械动力学与控制、机器人技术等方向的研究，攻克了超精装备控精度、尖端仪器减振动、重载装备增强度的系统技术，发明了纳米精度运动工作台技术，用于国产半导体芯片（IC）光刻机；发明了准零刚度减振器，用于国产系列光刻机和航天、航空、航海重大装备等；研制了大型重载结构动力学设计—模态试验平台，用于世界首台极地超深钻机等，为我国装备技术发展做出重要贡献。

2013 年入选国家百千万人才工程，2021 年获评首批湖北省特级专家，2022 年荣获第十四届光华工程科技奖和湖北"最美科技工作者"，2023 年荣获第三届全国创新争先奖状。他以第一完成人获国家技术发明奖二等奖 2 项、国家科学技术进步奖二等奖 1 项、省部级一等奖 5 项、发表 SCI 论文 103 篇，出版专著 2 部，获授权中外发明专利 134 项、软件著作权 30 项、标准 4 项。

▲ 陈学东院士

▲ 国产 90 纳米前道制造光刻机

2023 年底，华中科技大学机械科学与工程学院陈学东教授当选中国工程院院士。

他长期从事机械动力学与控制研究，面向世界科技前沿、面向经济主战场、面向国家重大需求进行研发，实现我国高端装备制造中多个"首创"或"首次"，为突破"卡脖子"技术、实现国产自主可控做出重要贡献。他的代表性成果准零刚度减振器，用于国产 IC 光刻机，助力我国成为全球第三个可制造 IC 前道光刻机的国家。

陈学东认为，越是国家所需要的方向，越要有志气的学者站出来，迎难而上，攻克难关，为民族支柱产业的振兴扫除障碍。他以实际行动践行着这一理念。

💬 "别人能做到的，我们中国人也能做到"

光刻机是一种用于半导体制造过程中、将微小图案精确地转移到硅片表面的关键设备。它是芯片产业的核心装备，被誉为"半导体制造业皇冠上的明珠""超精密尖端装备的珠穆朗玛峰"。光刻机减振器则是保障光刻机运行稳定性和精度的核心功能部件之一，是光刻机的"基石"，对我国 IC 装备制造业有重大战略意义。

此前由于无法突破技术瓶颈，我国的光刻机减振器长期依赖进口。2001

年，陈学东留学回国，恰逢国家在"十五"863重大专项中布局攻关IC光刻机关键技术，他承担起这一使命。

德国IDE公司凭借用永磁体做准零刚度这项创新，做成了减振器行业标杆，成为光刻机巨头荷兰阿斯麦公司光刻机的减振配套商。我国想购买一台设备做研究，人家不卖。"他这一块对你是封锁的。"陈学东团队只能看一看别国机器的外形，摸索着自行研发。

他深切感受到被"卡脖子"的痛苦，也深切感受到科技工作者在满足国家战略需求、民族科技振兴中的历史责任，于是下定决心：一定要自立自强，一定要做中国自己的设备，把自己的技术做好。

陈学东觉得，我们中国人不偷懒，也不比别人笨，坚持吃苦的精神我们肯定是具备的。别人能做到的，我们中国人应该可以做到，也能够做到："作为一名科技工作者，我有这个自信。"

他们分析发现德方的技术仍有缺陷，便针对光刻机的刚柔结构－悬浮支承－电磁驱动复杂系统，开展耦合动力学建模、分析和优化，并研发光刻机动力学设计专用软件工具，进一步突破准零刚度、频变阻尼和减振－稳姿协同控制技术。2009年前后，团队把新研制出的减振器放到测试台上进行测试，发现振动传递率和预期的很吻合，那一瞬间，陈学东的满足感和成就感难以言喻。

经过22年奋力追赶，到今天，我国研发的光刻机减振器已经达到目前国外同类

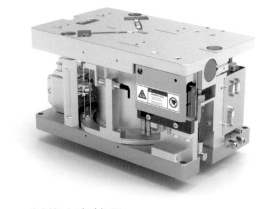

▲ 光刻机主动减振器

技术的水平，从"跟跑"变成"并跑"。我国研制出的高性能型、抗冲击型、真空型等系列主动减振器已产业化，实现高端主动减振器国产自主可控，解决了国产系列光刻机的高性能减振"卡脖子"难题。

一丝不苟，才能有"中国精度"

周边环境及光刻机工作时产生的振动干扰，会对光刻机的运动精度产生影响。一般的减振器能把 1 赫兹以上的振动减掉，但对光刻机而言，这远远不够，哪怕只有零点几赫兹的振动都会导致光刻失败。

陈学东打了一个比方：拿 1 支激光笔，从月球发射激光到地球，希望激光能精准打在自己的手指上，形成直径 1 毫米的光斑。如果没有减振器，这束光多半就打不到武汉，而是打到其他城市了。"差之毫厘，谬以千里"，正是对光刻机减振要求的生动写照。

每减少 1 赫兹，其难度和科研人员要投入的努力都是巨大的。

减振器中哪怕是一个不起眼的橡胶垫圈，要求都很高：既要密封又要受力。陈学东团队研究材料特性，联合材料团队做新型材料，试了大概几十种材料。有的材料强度不够；有的强度暂时够了，但寿命很短，用不了多久就失效。经过反复试验，最后终于试出一种符合要求的材料。光刻机减振器有上百个这样的零件，每个零件都能决定成败。从零件结构、尺寸的设计，到制造工艺保障，再到安装和调试，每个过程，他都精细对待。

▲ 陈学东（前排左二）和学生在实验室工作

2007 年，陈学东在做 90 纳米

IC 光刻机样机调试时，偶尔会碰到一种异常的小幅振动现象，凭以往经验和常识都无法解释。如果不搞清楚原因，不解决这种偶发瑕疵，可能会对曝光成像造成影响。他和团队集智攻关，通过三四年的努力，终于发现减振器中常人意想不到的另一只"隐形的手"，并设法减小了其影响。

每个数据、每个零部件、每个偶发问题都不放过，陈学东说，不管做前沿科学研究还是进行实际工程攻关，都始终要坚持这种追求真理、严谨治学的求实精神。

💬 "未来必定是机器人的时代"

陈学东是中国机器人领域知名专家，足式机器人（移动机器人）、跨域移动无人系统也是他团队的主要研究方向。他认为，未来必定是机器人的时代，机器人的发展是新质生产力最重要的方向之一。

具有重载作业能力的足式机器人在野外物资运输、功能载荷搭载等领域需求很广，陈学东团队近期研制的一款四足机器人就像是把传说中诸葛亮发明的"木牛流马"变成了现实：外形类似四足哺乳动物，重约 340 千克，负载量是 180 千克。

这款机器人目前是全球最大的全电驱机器人。与液压或气压驱动类机器人相比，它的负载能力相当，但噪声更低，能效更高，有一定技术优势，在智能制造、抢险救援、家庭服务和国防安全等广泛领域都可以大显身手。

陈学东带领团队已经在机器人关节电机电－磁－热－力协同优化，在关节、散热、单腿等方面性能提升上取得重要进展。目前，正在进行面向工业应用的人形机器人关键技术攻关。未来，他们将进一步推进电驱动器功率密度提高、足端滑移情形下动态稳定运动控制方法、多点接触主动足设计、动力电池能量密度提升等关键问题的研究。

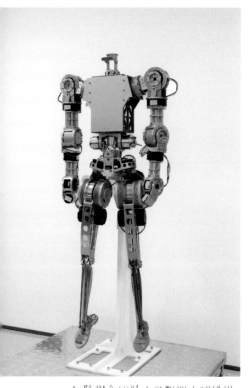

▲ 陈学东团队人形机器人初样机

陈学东高中毕业就来到武汉读大学本科和硕士研究生，2001年留学归国后也一直在华中科技大学工作，对湖北武汉有很深的感情。他的一些重要技术也已在此落地，将推动湖北相关产业的发展。

"湖北本身是科教大省，人才资源在国内是排在很前的，这对湖北的发展来讲是一个得天独厚的优势。"他相信，把科教人才优势和自然资源等优势结合在一起，湖北今后的发展肯定会更加迅猛。

💬 使命在身，"不敢怠慢"

科研攻关无坦途，一项项重大成果的背后，陈学东走过了怎样的路？他的回答很低调："不好说废寝忘食，至少是不敢怠慢。"

从同事和学生们的讲述中，"不敢怠慢"这四个字才显示出真正的分量。

作为研究室的领头人，陈学东没有周末，没有节假日，全年无休。除了"早出晚归"，出差都是从办公室出发，归来也是回到办公室工作。带病出差工作不是个例，为了不影响研究进度，他生病时宁愿多吃几天药，也不愿去医院打点滴。

2018年春季，陈学东牵头的复杂振动抑制技术国家重大项目面临攻关。长期扎在科研一线，又时常熬夜加班，他突发带状疱疹。为了不耽误项目进度，他边治疗边工作。进入夏季后，病情愈发严重，发展为带状疱疹后遗神经痛，患处不能与衣物接触，否则疼痛难忍，医生建议他居家休养。考虑到项目正处于关键阶段，他坚持正常上班，并为此自制一副支架，佩戴后既能正常着装，又能避免衣物侵扰。此后约 3 个月的时间，他一直边治疗边工作。下半年，项目取得阶段性突破，他紧皱的眉头才稍有舒展。

同年年末除夕，万家团圆之时，他又突发肠道大出血休克，被救护车紧急送往医院抢救。住院期间，团队成员劝说他多休息，出院后也要多静养些时日。但他始终放不下项目，在医院度过春节假期后，便继续投入紧张的工作中。

在他的带动下，团队成员协作奋进，项目圆满验收，满足了国家急需。

💬 以诚治学，也以诚待人

近年来，学术不端、剽窃造假的情况有所抬头。陈学东总是告诫学生，科学研究来不得半点虚假，一定要踏实严谨，一步一个脚印，"学术端正是我们做学问的底线和原则"。

研究室的每个课题进展，他都仔细过问；每项学术成果，他都严格把关，做到有据有实。

2015 级博士生刘军军准备发表一篇英文论文，陈学东召集大家一起逐字修改，一点细小错误都不放过。

他觉得学术面前人人平等，鼓励大家在学术问题上与他争论。2014 级博士生吴九林说："为了一个细节，哪怕争论得面红耳赤，他也丝毫不觉得顶撞，更主张用实验的方法去验证。"

他以诚治学，也以诚待人。

陈学东的团队里，流传着"一碗面"的佳话。

研究室的重点项目"大型重载机械装备动态设计与制造关键技术及其应用"圆满结题，还因其重大突破喜获国家科学技术进步奖二等奖。从人民大会堂载誉归来后，陈学东许诺："小伙子们表现不错，辛苦了。我要给你们一份特殊的奖励——亲自下厨做一碗面。"学生们笑声一片。他拿手的油炸花生米几年后仍被学生们津津乐道。

有时他会为学生们安排踢球、跑步、登山等运动，大家打成一片，乐在其中。8月酷暑，他挨个询问坚守在研究室加班的学生，宿舍条件怎样，晚上睡得可好，给大家买西瓜消暑。出差在天寒地冻的哈尔滨，研究生易浩渊、钟自鸣等人正在旅馆内讨论问题，他手捧热腾腾的咖啡、方便面，送来特别的温暖。

参与陈学东项目的多名研究生毕业后获国家级人才称号，并主持国家重大工程项目。他们对老师的严格要求与温情爱护念念不忘。

💬 兴趣与责任缺一不可

2024年5月，华中科技大学举行"科学家精神进校园"系列活动。首场活动，陈学东回到母校江苏泰州姜堰中学，同家乡的孩子见面。

"'言有物、行有恒'的校训我至今还记得，这简单的几个字对我的影响很大。我也想通过这次活动，了解一下现在孩子们是什么样子。有的时候，人生道路的选择是在一个很短的时间内确定的，如果在这次活动中，我的经历能对他们有所启发，我就觉得值得了。"陈学东说。

"科学家精神进校园"活动的初衷，是希望引导更多学子树立科技报国的远大理想。陈学东回忆自己为何会走上机械动力学与控制这条路时，特别强调了"兴趣"与"责任"的作用。

第一个原因是兴趣。从初中开始，他对数学、物理就比较偏爱，觉得它们有趣、奇妙。高中优秀的老师培养了他对数理化的兴趣和宝贵的好奇心，同时帮他打好了坚实的数理化基础。两者相结合，促使他走上了科研之路。上大学后，他对力学问题很感兴趣，所以考研究生时毫不犹豫地选择了机械

▲ 陈学东在校园

动力学方向，之后的研究也沿着这个方向坚持下来。

第二个原因是责任。动力学是装备制造业里的核心技术之一，研发过程中，他越来越发现这个专业方向非常重要："有两种问题应该最引起我们做研究的注意。一种是热点问题，表明它有研究的重大价值；一种是难点问题，前人无法突破的，我们更应该迎难而上。""光刻机的动力学问题、控制问题，尤其是稳定性问题，对光刻机性能的影响至关重要。所以这个工作就不仅仅是兴趣了，那就是一种责任。你既然做这件事，那就一定要做好。"

陈学东当选院士时刚满 60 岁。被问及他觉得科学家可以工作到什么时候时，他回答："只要能动，有思考能力，我想我都是可以发挥作用的。而且我很乐意去做这个事情，觉得是一种享受。"

💬 寄语青年：要有生活自理能力

陈学东从身边的年轻人身上看到许多闪光点。他相信，新时代的年轻人有朝气、有活力、有宽广的视野，未来一定能够取得更大的突破。

如何让青年一代走上科技报国之路？他有这样几点建议：

一是要培养兴趣。兴趣是最好的老师。

二是要培养对国家的责任感。

三是要有自学能力。不能只依赖老师在课堂上的讲授，要有批判性思维、积极进行探究性思考，变被动学习为主动学习，从老师传授到自我探索。"老师在课堂上一讲，你就觉得万事大吉，这不行。一定要进行自我吸收和消化，再温习、再学习、再提高，有这么个过程。"

四是学会抗压和抗挫折。要坦然面对困难，坦然面对失败和挫折。

五是要有生活自理能力。

六是打好基础，不要偏科。

这几点中，他最想强调的是要学会生活、能够自理。"我们经常出差，离开家人。你如果自己的事都做不好，还谈什么工作？吃喝拉撒睡你得自己来，还要学会自己做饭，正常锻炼、洗漱、洗衣服。我带学生出差时，发现生活能力的差异对他们的工作影响很大。工作很好的人，他的生活其实也是井然有序、有条有理的。生活跟科研其实有些地方是相通的，你生活得一塌糊涂，就会让人担心你的工作能不能做好。"